W0254348

Verständliche Wissenschaft

Dreizehnter Band

Gaben des Meeres

Von

Eugen Neresheimer

Berlin · Verlag von Julius Springer · 1931

Gaben des Meeres

Von

Dr. Eugen Neresheimer
Ministerialrat im Bundesministerium
für Land- und Forstwirtschaft, Wien

1. bis 5. Tausend

Mit 16 Abbildungen

Berlin · Verlag von Julius Springer · 1931

ISBN-13: 978-3-642-90196-6 e-ISBN-13: 978-3-642-92053-0
DOI: 10.1007/978-3-642-92053-0

Softcover reprint of the hardcover 1st edition 1931

Meiner Mutter
zugeeignet

Vorwort.

Wenn die Neugierde sich veredelt und verfeinert, so wird sie zur wissenschaftlichen Forschung. Der Laie, dem eine andere Veranlagung oder auch äußere Umstände die eingehende Beschäftigung mit wissenschaftlichen Fragen nicht erlauben, kann oft den unendlichen Reiz nicht verstehen, der uns antreibt, jahrelang Mühe und Fleiß aufzuwenden, um ein Rätsel zu lösen, das nach seiner Meinung niemanden etwas angeht. Was hat man davon, wenn man ergründet hat, wie die alten Babylonier ihre Wasserleitungen gebaut haben, wie weit die Spiralnebel von der Erde entfernt sind, oder wie die Tiere in einer Meerestiefe von 5000 m sich ernähren? Sehr viele Gelehrte werden ganz einfach antworten, daß gerade die Lösung dieser oder jener Fragen sie befriedige und der Wissenschaft zu einem wesentlichen Fortschritt verhelfe, und daß die Wissenschaft groß und edel genug sei, um Selbstzweck zu sein.

Tatsächlich glaube ich auch, daß die Wissenschaft Selbstzweck sein soll, daß der Forscher nicht zu fragen braucht, was bei seiner Arbeit an unmittelbarem Nutzen herauskomme, daß die seltsame und großartige Neugierde, die den wahren Forscher beseelt, ihren Lohn in sich selbst trägt. Gleichzeitig aber glaube ich auch, daß es gar keine wissenschaftliche Erkenntnis — zum wenigsten auf dem Gebiete der Naturkunde — geben kann, die nicht eines Tages sich in wirklichen, greifbaren Gewinn für die Menschheit umsetzen würde, ganz gleich, ob der Gelehrte, der sie erarbeitet hat, dabei daran dachte oder nicht. Hunderte und aber Hunderte von Gelehrten arbeiten seit Jahrhunderten daran und werden noch viele Jahrzehnte daran arbeiten, das Leben der Tier- und Pflanzenwelt des Weltmeeres zu erforschen; verschiedene Expeditionen sind von den Kulturstaaten ausgesandt worden, um den einen oder anderen Fragenkomplex aus diesem riesigen Wissensgebiete zu studieren, ohne daß der Auftraggeber oder die Expeditionsteilnehmer an einen praktischen Nutzen aus dieser Arbeit gedacht hätten. Und doch, eines Tages ergab sich die Beziehung der rein theoretischen Erkenntnis zu einer praktischen Frage, die tief ins Leben der gesamten Menschheit einschneidet. Viele Arbeitsgebiete der praktischen Wissenschaft sind auf diese Weise erst von der theoretischen Wissenschaft entdeckt und begründet worden. Wenn heute die Fragen der Meeresfischerei von einem großen internationalen Stabe von Gelehrten bearbeitet werden, so geht doch alles, was diese erreichen oder erstreben, auf die stille Forschung zurück, die nicht nach dem Wozu gefragt hat, sondern nur ganz einfach neugierig war nach dem Wie und dem Warum.

Von dieser Arbeit und ihren Erfolgen und ihren Zielen etwas zu erzählen, den Zusammenhang zu zeigen zwischen Theorie und Praxis, das soll in diesem Büchlein versucht werden.

Wien, im Juni 1931.

Eugen Neresheimer.

Inhaltsverzeichnis.

Das Meer und seine Gaben.

Zwei Mächte sind es, von denen in für uns alle sichtbarer und fühlbarer Weise das Leben auf der Erde beherrscht wird: die Sonne und das Wasser. Daß ohne die Wärme, die uns die Sonne Tag für Tag spendet, unser Planet in Nacht und Eis erstarrt wäre, ist ja ohne weiteres klar; daß alles, was wir als Kraft oder Energie bezeichnen, sei es nun Muskelkraft oder die Kraft des Windes, des strömenden Wassers oder unserer Maschinen, zuletzt Sonnenenergie ist, das ist ein Grundsatz, der wohl heute auch jedem Laien in naturwissenschaftlichen Dingen geläufig ist.

Aber ebensowenig wie ohne Sonne, ist ein Leben auf der Erde ohne Wasser denkbar. Ist doch der Körper des Menschen und aller anderen Lebewesen zum sehr großen Teile aus Wasser aufgebaut, und wo es an Wasser fehlt, wie in den eigentlichen Wüstenregionen unserer Erde, da ist auch das Leben erloschen oder fast ganz erloschen, denn absolut ohne Wasser ist ja auch die dürrste Wüste nicht. Und was wir dort an lebenden Wesen finden, etwa jene seltsamen Pflanzenformen, Kakteen und ähnliche, fristen ihr Leben nur dadurch, daß sie die Fähigkeit ausgebildet haben, auch die kleinsten Feuchtigkeitsmengen an sich zu ziehen und festzuhalten: sie leben vermöge ihrer wasserspeichernden Organe.

Und das große Reservoir dieses unentbehrlichen Lebenselementes ist das Meer, das zwei Drittel der Erdoberfläche bedeckt, in das zuletzt alles andere Wasser zurückkehrt, wie es in dem ungeheuren Kreislauf des Geschehens auch immer wieder von ihm ausgeht und die anderen Gewässer speist. Denn durch Verdunstung, also durch die Einwirkung der Sonnenwärme, wird das Wasser immer wieder dem Meere entnommen und in den Wolken über den Erdball getragen, um als Niederschlag zurückzukehren und Fruchtbarkeit zu spenden. Über dem Meere beladen sich die regelmäßig wehenden Winde, die Passate und Monsune, mit den riesigen Feuchtigkeitsmengen, um sie den heißen Ländern zuzuführen, die von ihnen leben. Und ganz kürzlich erst ist uns die unermeßliche Bedeutung dieser lebenspendenden Winde an einem eindrucksvollen Beispiel vor Augen geführt worden, als wir durch die Resultate von Dyhrenfurths Himalajaexpedition die Erklärung für den Umstand erhielten, daß in der Wüste Gobi erst in historischer Zeit große Landstrecken, die früher bewohnt waren, Wüstencharakter angenommen haben: das Himalajagebirge ist heute noch in Hebung begriffen; der Wall, der dem vom Indischen Ozean herkommenden, regenbeladenen Monsun den Weg nach Zentralasien sperrt, wird immer höher, die dadurch zum Austrocknen verurteilten Gebiete immer ausgedehnter.

Daß die Nachbarschaft des Meeres das Klima eines Landes besser und angenehmer gestaltet, ist ja bekannt. Jedermann weiß, daß ein kontinentales Klima übermäßig heiße, trockene Sommer und übermäßig kalte Winter bedeutet, während dort, wo die ozeanischen Winde ungehinderten Zutritt haben, die Gegensätze ausgeglichen, die Temperaturextreme gemildert sind. Ohne die ungeheure Verdunstungsfläche des Weltmeeres wären die für das Gedeihen von Pflanze und Tier unerläßlichen Niederschläge nicht zu denken; nicht zu denken wäre die gewaltige Kraftquelle, die uns heute, im Zeitalter der Technik, die von den Gebirgen herabströmenden Gewässer durch ihr Gefälle liefern. All dieses Wasser — denn die etwa aus Seen und anderen Binnengewässern stammenden Mengen verdunsteten Wassers spielen nur eine sehr untergeordnete Rolle und wären bald versiegt, wenn sie nicht durch die in letzter Linie dem Meere entstammenden Regen- und Schneefälle gespeist würden —, all dies Wasser entstammt dem Meere, wird durch die Kraft der Sonne in Wolkenhöhe gehoben und strömt in ununterbrochenem Kreislaufe immer wieder dem Meere zu. Und während heute überall der Ausbau dieser Wasserkräfte zur Vermehrung der für uns arbeitenden Energie eifrig betrieben wird, beschäftigen sich die vorausschauenden Geister, die Propheten unter den Technikern, mit den Problemen der unmittelbaren Ausnutzung der unermeßlichen Kräfte des Meeres. In erster Linie kommt hier wohl das Problem in Frage, das schon lange die Menschheit beschäftigt und sie so lange beschäftigen wird, bis es eine wirklich praktische Lösung gefunden hat: die unmittelbare Ausnutzung der Gezeitenbewegung zur Krafterzeugung. In wie vielen Richtungen noch das Meer, das zu ruhen scheint und doch der Urquell ewiger Bewegung ist, uns dienstbar gemacht werden wird, wer kann es vorausahnen? Es sei nur an die neuen, vielversprechenden Versuche erinnert, die Temperaturdifferenzen, die das Wasser tropischer Meere in den verschiedenen Tiefen aufweist, als unmittelbare Kraftquelle zu verwerten.

Überall greift das Weltmeer nachhaltig in unser Leben und in unsere Wirtschaft ein; ob uns dies nun unmittelbar zum Bewußtsein komme oder nicht, auch auf dem Festlande, weit von jeder Küste, sind wir von ihm abhängig, genießen seine Gaben und die Gaben fremder Länder, die es auf seinem Rücken zu uns trägt. Nicht zufällig sind von jeher Staaten und Städte, die über freien Zugang zum Meer und über gute Häfen verfügen, reich und mächtig gewesen und von den anderen beneidet worden.

Am unmittelbarsten verspüren wir den Segen des Meeres natürlich da, wo es aus seinem lebendigen Schatze, aus der noch lange nicht voll erkannten Fülle der in ihm lebenden Organismen oder der in ihm verteilten Stoffe uns ernährt. Mit jeder Mahlzeit nehmen wir ja eine der wichtigsten Gaben des Meeres zu uns, das Salz — gleichgültig, ob es heute an den warmen Gestaden des Südens in großen flachen Becken durch Verdunstung gewonnen wird, oder ob es von einem uralten, längst verschwundenen Meere als Steinsalz abgelagert wurde und heute bergmännisch gewonnen wird —, immer ist es eine Gabe des Meeres, und eine der wichtigsten und unentbehrlichsten. Völker, die weitab von jedem Meeresufer und jeder Salzablagerung leben müssen, sind den Glücklicheren tributpflichtig und müssen einen ganz beachtlichen Teil des

Ertrages ihrer Arbeit abgeben, um sich mit Salz zu versorgen, und für andere Völker wieder war es von jeher eine Quelle des Reichtums. Auf der Möglichkeit, unmittelbar an seinen Gestaden das Salz zu gewinnen, beruhte nicht zum wenigsten Reichtum und Macht Venedigs, und Feindschaft und Kriege dieser Tochter des Meeres mit anderen Mächten waren oft genug auf die Eifersucht wegen der Salzgewinnung zurückzuführen.

Aber wir wollen uns zunächst denjenigen Gaben des Meeres zuwenden, die mit unserem Leben am innigsten zusammenhängen, den ungeheuren Schätzen an lebendigen Nahrungsstoffen, die es uns liefert. Wir sind ja gewohnt, das Meer als die Wiege des Lebens überhaupt zu betrachten, als die Stätte, an der zuerst, vor vielen Jahrmillionen, auf geheimnisvolle und vielleicht immer für uns unergründliche Weise aus den toten Stoffen Lebendiges sich gebildet hat, und noch immer scheint uns von dort der Strom des Lebens auszugehen, der die Länder bevölkert. Wenn wir am Gestade des Meeres weilen, so haben wir den Eindruck der unendlichen Fülle des Lebens, größer und reicher als alles, was uns das Festland bieten kann, und wir sehen, wie alles, was der Mensch tut und leidet, mit dem Meere innig zusammenhängt, und wie selbst der Ärmste noch darauf bauen kann, daß ihn die große allgemeine Mutter mit dem Notwendigsten zur Fristung seines Daseins versorgen werde. Und gar erst, wenn wir in Länder kommen, in denen die feste Erde nicht mehr genug hervorbringt, um ihre Bewohner zu ernähren, wo nur die Gaben, die das Meer ihnen zuträgt oder sich von ihnen entreißen läßt, überhaupt eine Besiedlung mit Menschen ermöglichen.

Freilich, dieser Eindruck von unerschöpflichem Reichtum und unversieglicher Güte bleibt nur bestehen, solange wir uns nicht ganz auf die weite Fläche des Weltmeeres hinauswagen. Da, wo der Blick nichts mehr umfaßt als Wasser und Himmel, wo das Lot auf Tausende von Metern keinen Grund mehr erreicht, im freien, offenen Ozean, da ist von diesem Reichtum nicht mehr viel zu bemerken und auch tatsächlich nicht vorhanden.

Das in dieser Sammlung erschienene prachtvolle Bändchen von Prof. Dr. Ernst Hentschel, „Das Leben des Weltmeeres", gibt dem Leser einen klaren Begriff von dem gewaltigen Unterschied zwischen der Lebensfülle an den Rändern des Meeres und der verhältnismäßigen Armut draußen auf hoher See oder gar in den großen Tiefen. Wir sehen hier, wie das Leben von Pflanzen und Tieren hauptsächlich repräsentiert wird durch die kleinsten, meist mikroskopisch kleinen Formen des Planktons, jener seltsamen Gemeinschaft von Organismen, die, unabhängig von Ufer und Boden, frei im Wasser schwebend leben und sterben und nur durch den niedersinkenden Regen ihrer Leichen die Möglichkeit der Ernährung und somit des Vorhandenseins überhaupt für die Tiere der kalten und lichtlosen tieferen Regionen geben. Wir sehen, wie ein Pflanzenleben, mit seiner Abhängigkeit vom Sonnenlichte, nur in einer dünnen Oberflächenschicht des Meeres, bis zu einer Tiefe von etwa 200 m, in Ernennenswertem Maßstabe möglich ist, und wie von dem Ertrage dieser Schicht, in der allein lebende Substanz aus toter Materie entstehen kann, die Bewohner aller anderen Tiefen mit leben müssen. Denn wir wissen ja, daß nur diejenigen unter den Pflanzen, die über ähnliche Farbstoffe verfügen wie das Laub unserer Bäume in seinem Blattgrün, mit Hilfe des Lichtes aus den einfachsten chemischen Bausteinen, wie Kohlensäure, einfachen Verbindungen des Stickstoffes und der Phosphorsäure u. dgl., die komplizierten Stoffe ihres Leibes, wie Eiweiß, Fett, Zucker und Stärke, aufbauen können, daß aber alle Tiere darauf angewiesen sind, von diesen Erzeugnissen der Pflanzen schmarotzend zu zehren, weil sie sie nicht selbst herstellen können, daß also alle Tiere entweder unmittelbar Pflanzen fressen müssen oder mittelbar, indem sie diese Stoffe aus zweiter oder dritter Hand beziehen, andere Tiere fressen, die eben von Pflanzenstoffen ernährt wurden. Wir sehen, wie die in Pflanzen und Tieren festgelegten Verbindungen einfacher Stoffe durch eine Zerlegung, Zersetzung der abgestorbenen Organismen unter dem Einfluß besonderer Spezialisten, der Bakterien, wieder frei werden und wieder von neuem in den Kreislauf des Lebens, der ewigen Verwandlung, eintreten, wenn eine Strömung sie nach langem Verharren im Dunkel der Tiefsee wieder an die Oberfläche, an das Licht bringt, wo wieder die winzigen einzelligen Pflänzchen des Planktons sich ihrer bemächtigen und sie in die Substanz ihres Leibes einbauen können. Wir sehen in diesem Büchlein, wie der Reichtum des Meerwassers an diesen gelösten Nährstoffen sich nach den Strömungen verteilt und hier dichtere, dort ärmere Besiedlung mit lebenden Wesen verursacht, und wie im allgemeinen die warmen Meere arm, die kalten reich an Leben sein müssen, wie sich im unermeßlichen Raume des freien Meeres mit seiner durchschnittlichen Tiefe von 4000 m die Produktion der Oberflächenschicht verteilt und verdünnt, und wie im Schelfgebiete, rings um die Kontinente, mit seiner Tiefe von 200 m und weniger, mit seiner Fülle von höheren Pflanzen, mit der Menge an Nährstoffen, die die Zuflüsse aus dem Festlande beständig mitbringen, die Fülle des Lebens sich konzentriert.

Sehen wir uns einen Globus an, auf dem die verschiedenen Tiefen des Meeres in verschiedenen Abstufungen von Blau angedeutet sind, auf dem das Blau immer tiefer wird, je tiefer das Meer ist, dann erhalten wir ein Bild davon, wie geringfügig der weiße oder ganz hellblaue Streifen seichten Wassers ist, der die Küsten umgibt, und wie groß die blaue Fläche des tiefen Ozeans. Wie klein, kaum zu finden, ist z. B. die Nord- und Ostsee auf diesem Globus! Und wie groß ist der Reichtum an Nahrung, den sie dem dichtestbevölkerten Erdteil schenkt!

Man kann nach sorgfältigen Schätzungen annehmen, daß etwa ein Drittel der gesamten, zur Erhaltung der Menschen nötigen Nahrungsmenge dem Meere entstammt. Man nennt zehn große Gruppen von Nahrungsmitteln, die eine wirklich ausschlaggebende Rolle in der Weltwirtschaft spielen: Brotgetreide, Reis, Kartoffeln, Huhn, Schaf, Rind, Schwein, dorschartige Fische, Heringe, Muscheln. Also drei von diesen zehn Hauptnahrungsmitteln gibt uns das Meer. Bei verschiedenen Gelegenheiten werden wir noch die ungeheure und stets wachsende Bedeutung der Meeresprodukte für die Fettversorgung der Menschheit erkennen, wobei zu beachten ist, daß die Fettstoffe, abgesehen von ihrer Wichtigkeit in der Ernährung, in immer größerem Maßstabe für zahllose Industrien und Gewerbe unentbehrlich sind. Ein Bild davon im kleinen gibt uns der Kerzenfisch der hochnordischen Küsten Amerikas, dessen exzessiv fettreicher Körper von den dortigen Indianerstämmen ohne weitere Vorbereitung als Kerze gebrannt wird. Hier vielleicht erkennt man am deutlichsten die großartige Verbundenheit alles Geschehens im Lebensraume, sei es nun an kleinsten, mit freiem Auge nicht mehr erkennbaren, oder an riesigen Lebensformen zu beobachten. In Form der fettreichen Fische, wie es z. B. der Hering in besonderem Maße ist, oder von den fettreichen Lebern vieler Fische, vom Kabeljau bis zum Riesenhai, in Form des dicken Speckpanzers der Wale und Robben oder mancher Seevögel, liefert uns das Meer ungeheure Mengen des unentbehrlichen Stoffes. Nun, die Fische leben unmittelbar, wie der Hering, oder mittelbar, als Raubfische, wie die Dorsche und Lachse, von den unvorstellbaren großen Mengen an planktonischen Tieren, Ruderkrebschen, Flügelschnecken, Würmern, Larven der verschiedenen Tiere. Diese Tierchen, sehr deutlich z. B. die kleinen Krebschen, zeigen in ihrem Körper reichlich Ölkugeln, also Tröpfchen flüssigen Fettes. Viele große Wale leben ja unmittelbar von diesen kleinen Krebschen und Schnecken, beziehen also ihre Fettvorräte von ihnen. Und diese Tiere wieder leben ihrerseits unmittelbar oder mittelbar von den fettreichen Kleinalgen des Planktons. Diese winzigen Pflänzchen sind schließlich die Grundlage alles Lebens im Ozean und im besonderen die wichtigsten Fettproduzenten, ohne die die Transiedereien der Wal- und Robbenfänger und der Fischereistationen nicht denkbar wären.

Im Dezember 1924 hat an der Küste von Südwestafrika ein Massensterben von Sardinen stattgefunden, das aller Wahrscheinlichkeit nach auf unterseeische vulkanische Ausbrüche zurückzuführen war. Die Menge der damals in der Walfischbai allein ans Land gespülten Fischleichen wurde auf 25000 Tonnen, d. i. wenigstens 300 Millionen Stück, geschätzt. Ein noch viel größeres Fischsterben hat sich im Jahre 1882 im Atlantischen Ozean, etwa 100 Seemeilen vor der Küste der Vereinigten Staaten, ereignet. Es betraf hauptsächlich den in Amerika als sehr wohlschmeckend geschätzten Tilefisch, der vor der Katastrophe zeitweise das Objekt eines bedeutenden Massenfanges gebildet hatte. Das Gebiet, das damals mit toten und sterbenden Tilefischen bedeckt gefunden wurde, hatte eine Ausdehnung von rund 25 × 170 Seemeilen. Die Menge der vernichteten Fische wurde auf eine Billion geschätzt. Unter den Erklärungsversuchen, die für dieses ungeheuerliche Fischsterben laut geworden sind, scheint die Annahme am meisten für sich zu haben, daß infolge einer Änderung der Strömungsverhältnisse plötzlich große Mengen kalten Wassers in das Wohngebiet der sehr empfindlichen Fische eingebrochen seien. Man hat damals lange Zeit geglaubt, der Tilefisch sei vollständig ausgerottet; erst nach 35 Jahren sind wieder fangwürdige Mengen festgestellt worden.

Die hier erwähnten Katastrophen haben nun durchaus nicht etwa die wichtigsten und häufigsten Fische betroffen. Der Tilefisch hat in der Ernährung der Menschheit nur eine recht untergeordnete Rolle gespielt; der Sardinenfang an der afrikanischen Küste mag wohl einmal größere Bedeutung erlangen, aber ganz gewiß keine so große wie etwa der Fang von Kabeljau, Schellfisch oder Hering. Er kann nur lokale Wichtigkeit gewinnen, aber nicht weltwirtschaftliche, wie der Fang der eben genannten Arten.

Der Ertrag des nordeuropäischen Fischereigebietes wurde im Jahre 1910 mit etwa 2,5 Milliarden kg berechnet, also mit einer Menge guter, kräftiger und billiger Fleischnahrung, die ungefähr 2,5 bis 3 Millionen Mastochsen entspricht. Und in diesem Fischereiertrag dominieren einige wenige Fischarten so sehr, daß die ganze übrige Fischerei daneben kaum beachtenswert erscheint. Damit soll nicht gesagt sein, daß nicht die Fischarten zweiten oder dritten Ranges für weite Landstriche oder Völker eine überragende Bedeutung haben könnten. Manchem Leser werden vielleicht noch die recht bedrohlichen Hungerrevolten im Gedächtnis geblieben sein, die sich um die Jahrhundertwende an den portugiesischen und südfranzösischen Küsten ereignet haben, als die gewohnten Sardinenschwärme teilweise ausblieben und damit weite Schichten der dortigen Bevölkerung ihren Verdienst — die Männer als Fischer, die Frauen als Arbeiterinnen in den Ölsardinenfabriken — nicht finden konnten.

Der Hering und seine Sippe.

Viel eindringlicher noch als diese immerhin rasch wieder vorübergehenden Erschütterungen zeigt uns ein anderes Beispiel den gewaltigen Einfluß, den das Ausbleiben der gewohnten Fischschwärme auf das Leben ganzer Landstriche ausübt. An der Küste der südschwedischen Provinz Schonen finden sich ein paar ziemlich armselige Fischerdörfer, Falsterbo und Skanör, vor Jahrhunderten zwei bedeutende und reiche Städte. Denn hier spielte sich die wichtigste Fischerei des Mittelalters ab, die sog. hanseatische Heringsfischerei, die etwa in den Jahren 1200—1400 bedeutende Erträge abwarf, die Händler aus dem ganzen nördlichen Europa hierher zusammenströmen ließ und Wohlstand, ja Reichtum über ganz Südschweden und Dänemark verbreitete. Anschaulich berichtet von dem Heringsreichtum jener verschollenen Tage der gelehrte dänische Historiker Saxo Grammaticus, der um 1208 starb: „Von Seelands Ostseite trennt die Westseite Schonens eine Meerenge (der Oeresund), welche jährlich eine reiche Beute an Fischen in die Netze der Fischer zu liefern pflegt; der ganze Meeresarm füllt sich gewöhnlich so mit Fischen, daß manchmal die Schiffe feststehen und kaum mit angestrengtem Rudern herauszubringen sind, und daß die Beute nicht mehr mit einer künstlichen Vorrichtung gefangen, sondern ohne weiteres mit der Hand gegriffen wird."

Ungefähr seit dem Jahre 1400 sind diese Heringszüge ausgeblieben, und Falsterbo und Skanör sind in völlige Bedeutungslosigkeit und Armut versunken; bis heute hat sich daran nichts geändert. Auch vor der Blüte der hanseatischen Heringsfischerei hat in historischer Zeit offenbar hier der Hering niemals eine nennenswerte Rolle gespielt, während prähistorische Funde dafür sprechen, daß etwa zu Ausgang der Bronzezeit, um 400—600 v. Chr., in dieser Gegend eine nicht unbedeutende Küstenfischerei auf Hering bestanden haben muß.

Ähnliche, wenn auch nicht so langfristige Schwankungen der Erträge sind in der Geschichte der Heringsfischerei mehrfach überliefert; ein sehr gutes Beispiel hierfür gibt die zeitweise berühmte und außerordentlich reiche Bohuslänfischerei. Bohuslän heißt der früher norwegische, jetzt schwedische Küstenstrich südlich des Christianiafjords bis zum Götaelf. Schon zu Anfang des 11. Jahrhunderts hat hier die Heringsfischerei in hoher Blüte gestanden; sie verfiel dann, um von Anfang des 13. bis zur Mitte des 14. Jahrhunderts wieder sehr hohe Bedeutung zu erlangen. Im 16. Jahrhundert und dann wieder von 1748—1808 und von 1877 bis in die Gegenwart sind weitere Blütezeiten der Bohuslänfischerei überliefert, unterbrochen von ungefähr ebenso langen Perioden des Niederganges. Auch hier bedeutet das Erscheinen und das Ausbleiben der Heringszüge Reichtum oder Armut für die Bevölkerung des Küstenstriches.

Es ist nachgewiesen, daß in den vielfachen Kriegen zwischen den skandinavischen Staaten oft die Feldzugspläne vor allem anderen auf die Besitznahme oder die Verteidigung der großen Heringsgebiete Bedacht genommen haben, um die Ernährung der Heere und des Hinterlandes sicherzustellen. Jahrhundertelang waren Reichtum und Macht der Niederlande zum größten Teil auf den Heringsfang und den Heringshandel begründet; zeitweise war der Handel von den Holländern so gut wie völlig monopolisiert und brachte ihnen ungeheuren Gewinn. Von der Stadt Amsterdam sagt ja ein alter Spruch, sie sei auf Heringsknochen erbaut. In den großen Kriegen des 17. und 18. Jahrhunderts haben dann die Briten zielbewußt auf die Vernichtung der niederländischen Heringsfischerei hingearbeitet, und zur Zeit der Napoleonischen Kriege haben sie ihre heutige Stellung als Beherrscher des Meeres und des Heringsgeschäftes errungen und befestigt.

Aus einer Statistik, die die Erträge der im großen betriebenen Heringsfischerei in der Nordsee von Schottland, England, Holland, Deutschland und Frankreich für die Jahre 1894 bis 1926 umfaßt, ergibt sich als das beste Fangjahr das Jahr 1913 mit insgesamt 713,5 Millionen Kilo. Wenn man hierzu die Ausbeute der skandinavischen Staaten und Belgiens und die immerhin auch nicht zu vernachlässigenden Erträge der kleinen Küstenfischerei auf Hering rechnet, so ergibt sich, daß in der Nordsee der Heringsfang in besonders günstigen Jahren nicht weit unter einer Milliarde Kilo bleiben mag. Um die Bedeutung dieses Fisches für das enger begrenzte Gebiet des Deutschen Reiches zu illustrieren, seien die statistischen Angaben für das Jahr 1929 kurz zitiert:

Der Ertrag der deutschen Heringsfischerei betrug:

Schleppnetzfänge	68 221 500 kg
Treibnetzfänge	26 200 000 ,,
Nordsee-Küstenfischerei . .	6 554 000 ,,
Ostseefischerei	5 163 000 ,,

Dazu Einfuhr:

Frische Heringe	130 341 000 kg
Salzheringe	128 796 000 ,,

Der gesamte Verbrauch betrug also in dem genannten Jahre in Deutschland rund 366 Millionen kg oder etwa 6 kg auf den Kopf der Bevölkerung; er ist also ohne Zweifel noch einer sehr bedeutenden Steigerung fähig.

Es ist somit gewiß ohne weiteres verständlich, daß die Fischereiwissenschaft dem Hering seit jeher das allergrößte Interesse entgegengebracht hat, und daß zahlreiche Gelehrte das Studium dieses Fisches zu ihrer bevorzugten Aufgabe gemacht haben und noch machen. Schon von alters her mußte das Interesse der meeranwohnenden Völker durch die merkwürdigen Wanderungen der Heringe erweckt werden, die die unermeßlichen Fischschwärme zu gewissen Zeiten des Jahres in die Nähe der Küsten bringen — ganz besonders groß mußte dieses Interesse sein zu jenen Zeiten, als die Entwicklung der Schiffahrt und der Fangtechnik es noch nicht erlaubte, diesen Schwärmen ins offene Meer hinaus zu folgen oder entgegenzufahren, als man noch mehr oder weniger vollständig auf die Küstenfischerei angewiesen war. Wenn damals solche katastrophale Ausfälle eintraten, wie wir sie oben für Schonen und für die Bohuslänküste geschildert haben, so waren die Folgen davon um so schlimmer, als es ja nicht so einfach war, durch Verlegung der Fischerei auf andere Fangplätze dem Übel abzuhelfen. Außer den genannten, langfristigen Schwankungen der Erträge gab und gibt es aber an allen Küsten noch sehr einschneidende kurzfristige Schwankungen, die oft genug Not und Elend unter die Bevölkerung dieser oder jener Küsten brachten.

Um nur ein Beispiel zu nennen: Der norwegische Fang an Frühjahrsheringen betrug im Jahre:

1866	1 000 000 hl
1874	24 000 ,,
1875	208 ,,
1883	100 000 ,,
1884	262 000 ,,
1892	700 000 ,,
1913	1 500 000 ,,

Nicht ganz so krasse, aber doch recht fühlbare Schwankungen innerhalb eines oder zweier Jahrzehnte gehören gar nicht zu den Seltenheiten.

Auch die Tatsache, daß die großen Herinszüge an den einzelnen Küsten mit auffallender Regelmäßigkeit zu ganz bestimmten Zeiten einzutreffen pflegen, und zwar in einer zeitlich fortschreitenden Ordnung, hat schon lange zu denken gegeben. Im allgemeinen gilt die Regel, daß die Schwärme um so früher erscheinen, je nördlicher die Fangplätze gelegen sind. So bildet z. B. die große Gruppe der im Sommer laichenden Heringe an der Ostseite der britischen Inseln von den Shetlands bis zum Kanal eine zeitlich von Norden nach Süden fortschreitende Reihe, und ähnlich ist es an der Westküste.

Die ersten Erklärungsversuche für diese merkwürdige Erscheinung im Mittelalter waren natürlich, wie alle ähnlichen Erwägungen, rein theologisch. Gott weiß allein, wie es für die Bewohner der einzelnen Küstengebiete angemessen und nützlich ist, und er hat es eben demgemäß eingerichtet. Erst gegen Ende des 16. Jahrhunderts versuchten britische und holländische Schriftsteller eine natürliche Erklärung zu geben und verfielen auf die nächstliegende Annahme: Aus einer gemeinsamen Heimat, die selbstverständlich im hohen Norden gesucht werden muß, wandert das unermeßliche Heer der Heringe nach Süden, wobei immer wieder Schwärme an die Laichplätze nahe der Küste abschwenken. Hierauf ziehen sie alle, soweit sie den Nachstellungen des Menschen und ihrer zahlreichen anderen Feinde entgehen konnten, wieder in ihre nordische Heimat zurück. Merkwürdigerweise nahm man als Ursache dieser regelmäßigen Wanderungen die starke Vermehrung und die daraus entstehende Nahrungsknappheit im heimatlichen Polarmeer an, während doch offensichtlich die Vermehrung eben an den Laichplätzen erfolgt. Vermutlich kannte man doch schon manche Tatsachen bezüglich der Trift der Larven, die ja da und dort deutlich nach Norden gerichtet ist. Erst ganz allmählich ist man gegen die Mitte des 19. Jahrhunderts von der Polarstammtheorie abgekommen und hat sie durch die „Tiefentheorie“ ersetzt, die den Heringen eine gemeinsame Heimat in den großen Tiefen des Meeres anwies, von der aus die Laichschwärme nach den verschiedenen Punkten an den Küsten aufsteigen sollten. Im letzten Viertel des verflossenen Jahrhunderts setzten dann die großartigen Untersuchungsreihen des deutschen Forschers F. Heincke ein, der fast sein ganzes Leben der Erforschung des Herings gewidmet und uns die Grundlagen für unsere heutigen, freilich noch keineswegs völlig geklärten Anschauungen geliefert hat. Auf Grund dieser Arbeiten kam Heincke zu dem Schlusse, daß es eine ganze Anzahl von scharf unterschiedenen Rassen des Herings gebe, und von diesen wieder eine Menge von Unterrassen. Jede Rasse besitzt nach ihm in dem großen Wohngebiete des Herings, das sich über den nördlichen Atlantischen Ozean, die Nordsee und den westlichen Teil der Ostsee erstreckt, ihren eigenen, verhältnismäßig eng begrenzten Wohnbezirk und ihre eigenen, feststehenden Lebensgewohnheiten und Wachstumsverhältnisse. Zeitweise scheinen sie mehr zerstreut zu leben, sammeln sich aber zum Laichen und auch sonst auf der Suche nach reicheren Weideplätzen zu den bekannten, oft riesigen Schwärmen. Jeder dieser Schwärme repräsentiere also eine eigene Rasse, die sich in Laichzeit und Laichplatz, auch in ihren Hauptfraßzeiten und in ihrer Vorliebe für bestimmte Nahrungstiere, voneinander unterscheiden.

In der letzten Zeit ist man zwar in manchen Einzelheiten von Heinckes Lehre von der strengen Trennung so vieler Rassen etwas abgekommen; immerhin muß man aber doch ganz offenbar eine nicht eben geringe Anzahl von Heringsrassen unterscheiden. Vor allem anderen müssen zwei große, nach Laichort und -zeit geschiedene Gruppen festgehalten werden: die Hochsee- oder Herbst- und Winterheringe und die Küsten- oder Frühjahrs- und Sommerheringe. Die Hochseeheringe bleiben auch zur Laichzeit, zu der sie der Küste relativ nahe kommen, im stark salzhaltigen Wasser, während die Küstenheringe vielfach ins Brackwasser, einzelne Gruppen sogar in die Flußmündungen eintreten. Jedenfalls liegen ihre Laichplätze in viel seichterem Wasser, manchmal in Tiefen von 1,5—5 m, während die der Seeheringe oft bis zu 100 km von der Küste entfernt und 25—40 m tief liegen. Bei allen Heringen sinken die Eier, die nahe der Oberfläche abgelegt und befruchtet wurden, auf den Grund und kleben hier fest.

Für die praktische Fischerei ist selbstverständlich die Feststellung der genauen Lage und Ausdehnung dieser Laichplätze von ganz besonderem Werte; es werden die verschiedensten Mittel zur Lösung dieser Frage angewandt. An einzelnen Stellen verdankt man die genauesten Kenntnisse den Schellfischen, die an bestimmten Stellen mit einem mit Heringslaich prall gefüllten Magen gefangen werden. Genaue Beobachtungen der letzten Jahre haben ergeben, daß man vermutlich viele Gruppen zu einheitlichen Rassen zusammenfassen kann, die man früher wegen der Unterschiede in der Laichzeit unterscheiden zu müssen glaubte: sie sind vorwiegend an eine bestimmte, eng begrenzte Temperatur des Wassers an den Laichplätzen angepaßt. So kommt es, daß von der großen, fast in der ganzen Nordsee verbreiteten Gruppe der Bankheringe die nördlichen Schwärme schon im August und September, die südlichen erst später, bis in den November hinein, an den Laichplätzen erscheinen, entsprechend der früheren Abkühlung des Küstenwassers in nördlicheren Lagen. Im übrigen scheint auch der Salzgehalt des Wassers an den Laichplätzen eine nicht unwichtige Rolle zu spielen.

Deutlich zu unterscheiden sind jedenfalls neben dem genannten Bankhering der Nordsee noch der atlantisch-skandinavische Hering zwischen Island und der Küste des nördlichen Norwegen, der Kanalhering, vermutlich einige im Skagerrak und Kattegatt und der Ostseehering oder Strömling sowie einige Rassen der Irischen See. Jedenfalls ist die Rassenfrage noch keineswegs geklärt und dürfte noch zahlreichen Gelehrten reiche Arbeit geben. Sie wird ungemein kompliziert durch den Umstand, daß die aus den Eiern geschlüpften Larven durch die Meeresströmungen weithin getriftet werden, wobei offenbar auch Vermischungen der Schwärme entstehen. So gelangen z. B. aus dem Kanal reichlich Larven in die Nordsee.

In der riesigen Heringsliteratur nimmt die Masse der Arbeiten über die Altersbestimmung einen außerordentlich breiten Raum ein, und tatsächlich hat sich die Möglichkeit einer genauen Altersbestimmung sowohl beim Hering als auch bei den meisten anderen Fischen als überaus wichtig erwiesen. Man muß, um eine vernünftige Wirtschaft betreiben zu können, z. B. wissen, in welchem Alter eine Art oder Rasse zum erstenmal am Laichgeschäft teilnimmt, denn es ist doch selbstverständlich, daß man die Fische nicht fangen und verwerten darf, bevor sie wenigstens einmal sich fortgepflanzt haben, wenn man nicht Raubwirtschaft betreiben und die Bestände verringern will. Es spielt aber auch z. B. die Frage des schnelleren oder langsameren Wachstums in verschiedenen Lebensaltern eine wesentliche Rolle für den Fischwirt. Wenn ich z. B. von einer Fischart feststelle, daß sie während der ersten fünf Jahre ihres Lebens schnell heranwächst, von da an aber, trotz erheblichem Nahrungsverbrauch, nur noch ganz wenig Zuwachs erreicht, so werde ich trachten, die

Fische womöglich eben nach Vollendung ihres fünften Lebensjahres zu fangen, da mir eine weitere Schonung keinen nennenswerten Gewinn mehr bringen kann. Diese und ähnliche Fragen sind natürlich ohne möglichst genaue Altersbestimmung nicht zu entscheiden. Eine solche zu erreichen, war also schon längst das Bestreben der Fischereibiologen, und es war ein großer Schritt nach vorwärts, als man darauf aufmerksam wurde, daß bei vielen Fischen die Knochen eine deutliche Streifung aufweisen, ähnlich den Jahresringen des Baumstammes. Und in der Tat beruht in beiden Fällen die Erscheinung auf den gleichen Ursachen: wie beim Baume im Winter das Wachstum ruht und im Sommer mit zunehmender Erwärmung und Ernährung immer besser fortschreitet, so daß die Anlagerung neuen Holzes in breiteren und dann im Herbst in schmäleren, enger aneinandergerückten Streifen erfolgt, so geht es auch bei den Fischen. Viele Fische, wie z. B. unser Karpfen, halten einen Winterschlaf, wachsen also während dieser Zeit gar nicht. Bei anderen, bei denen eine ausgesprochene Winterruhe oder eine Hungerperiode nicht eintritt, wird immerhin der Ablauf der Lebensprozesse durch die niedere Temperatur erheblich verlangsamt. Und schließlich gilt für fast alle Fische die Regel, daß sie zur Fortpflanzungszeit keine Nahrung aufnehmen und daher auch nicht wachsen. Wir können also bei fast allen Fischen erwarten, daß Perioden starken Wachstums mit solchen des Stillstandes abwechseln, und daß sich dies auch in der mehr oder weniger reichlichen Ablagerung der verschiedenen Aufbausubstanzen in den Knochen aussprechen werde. In der Tat hat Heincke gezeigt, daß sich an vielen Knochen der Fische, insbesondere an dünnen flachen Knochen, wie dem Kiemendeckel, recht deutlich Jahresringe unterscheiden lassen. Speziell an dem Kiemendeckel lassen sich diese Zonen oft ohne jede Präparation mit unbewaffnetem Auge ablesen; in vielen Fällen ist man jedoch darauf angewiesen, mit einiger Mühe Dünnschliffe gewisser Knochen anzufertigen, die dann bei entsprechender Aufhellung mit Lupe oder Mikroskop im durchfallenden Lichte die Jahresringe gut erkennen lassen. Natürlich bedeutet das aber bei der Untersuchung größerer Serien von Fischen viel Mühe und sehr großen Zeitaufwand. Man war daher sehr erfreut, als es sich zeigte, daß in den meisten Fällen auch die Schuppen die gleichen Zuwachsringe sehr schön zeigen, so daß bei der Durchsichtigkeit dieser Gebilde ohne weiteres das Alter abzulesen ist. Bei großen Schuppen, wie sie z. B. unser Karpfen hat, braucht man oft nicht einmal eine Lupe. Interessanterweise ist diese Möglichkeit der Altersbestimmung nach den Schuppen schon Aristoteles bekannt gewesen.

Auch beim Hering ist das Alter leicht abzulesen, und wir werden sehen, was alles dieser Umstand für die Erforschung seines Lebens bedeutet. Jede Heringsschuppe läßt schon bei oberflächlicher Betrachtung zwei Teile erkennen, einen dünnen, durchsichtigen und nahezu strukturlosen, und einen halbkreisförmigen Teil, der deutlich die konzentrischen Zuwachsstreifen zeigt. Schon die Möglichkeit allein, große Mengen von Heringen auf ihr Alter hin zu untersuchen, hat uns allerhand Wichtiges über den Lebenslauf dieser Tiere gelehrt. Wir wissen jetzt, daß ein Hering bestenfalls 25 Jahre alt werden kann, und, was für die Praxis wesentlich interessanter ist, daß er frühestens im Alter von 4 Jahren zum erstenmal laichreif und fortpflanzungsfähig wird. Diese Feststellung diente zur Bestätigung einer bereits früher aufgestellten Vermutung über den Zusammenhang der verschiedenen Sorten von Heringen, die während eines Jahres gefangen werden. Schon von alters her unterschied man z. B. an den norwegischen Küsten Kleinheringe, Großheringe, Fettheringe und Frühjahrsheringe, die zu verschiedenen Zeiten und an verschiedenen Küstengebieten gefangen werden. So erscheinen die Frühjahrsheringe nur von Januar bis April an der Westküste, die Großheringe im Spätherbst und Winter im Romsdalgebiet, die Fettheringe im Herbst noch weiter nördlich, die Kleinheringe an der ganzen Küste entlang.

Heute wissen wir, daß die Kleinheringe, wie zu erwarten, die jungen Stadien von 2 Jahren sind, die Fettheringe noch nicht geschlechtsreife, 2—4 Jahre alte Tiere, die Frühjahrsheringe die der Fortpflanzung sich nähernden vierjährigen und älteren Fische, die Großheringe die gleichen Jahrgänge nach der Laichzeit. Alle gehören einem Entwicklungskreise an.

Das Studium der Schuppen hat aber noch viel mehr ergeben. Vergrößert man das Bild der Schuppe so, daß die Höhe des mit Jahresringen versehenen Teiles der Länge ihres Trägers entspricht (Abb. 1), so kann man von den einzelnen Jahresringen ohne weiteres ablesen, wie lang zu Ende jedes Jahres der Fisch selbst gewesen ist. Mit anderen Worten: das Wachstum der einzelnen Schuppe geht dem des Fisches genau parallel; schmale Jahresringe entsprechen einem geringen Wachstum in dem betreffenden Jahre, breite einem guten Wachstum. Man kann also aus der Schuppe recht viel über die Lebensgeschichte des einzelnen Fisches erfahren, und bei der Verarbeitung eines sehr großen Materials haben speziell die norwegischen Fischereibiologen einen Weg gefunden, sich über die Lebensbedingungen (bzw. über deren Auswirkung auf den Fisch) der verschiedenen Lokalformen recht eingehend zu informieren. Man ist dazu gekommen, für die Heringe der verschiedenen Fanggebiete sogenannte „Normalschuppen" zu konstruieren. Die hier abgebildete Serie von Normalschuppen fünfjähriger Heringe aus 9 verschiedenen Gebieten zeigt uns deutlich, daß die Wachstumsbedingungen in diesen Gegenden, wohl in Abhängigkeit von den chemisch-physikalischen und biologischen Verschiedenheiten dieser Meeresteile, recht verschieden

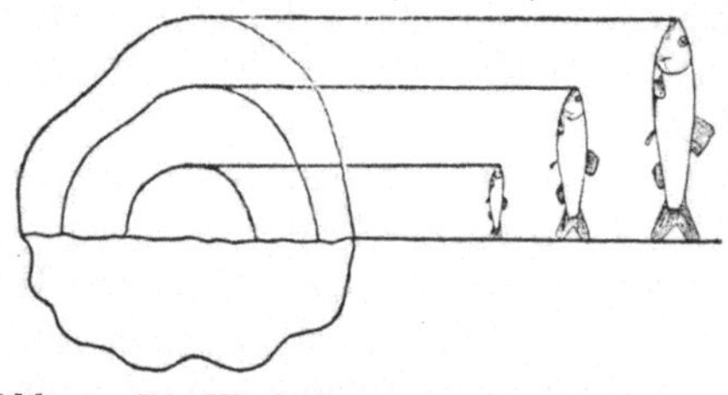

Abb. 1. Die Wachstumszonen der Heringsschuppe verglichen mit der Länge des Fisches. (Nach Hjort.)

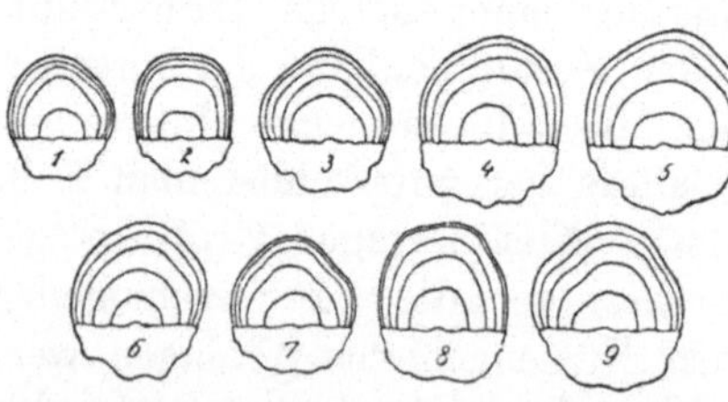

Abb. 2. Normalschuppen eines fünfjährigen Herings aus verschiedenen Fanggebieten. 1. Lysefjord, 2. Zuidersee, 3. Kattegatt, 4. Färöer, 5. Island, 6. Norwegen (Frühjahrshering), 7. Westlicher Teil der Nordsee, 8. Atlantischer Ozean, 9. Shetland. (N. Lea.)

sein müssen. Daß in den ersten beiden Lebensjahren das Wachstum besonders rasch fortschreitet, ist ja eine allgemeine Erscheinung; aber ein Vergleich z. B. von Nr. 1 und 2 mit Nr. 3 läßt erkennen, daß im Kattegatt die Brut in ihrem ersten Lebensjahre unter wesentlich besseren Bedingungen stehen muß als etwa im Lysefjord oder in der Zuidersee. Wir sehen Schwärme, wie 5, 6 und 7, bei denen auch im dritten Jahre noch das Wachstum erheblich ist, während es z. B. bei 1 schon sehr stark nachläßt. Ein besonders eindrucksvolles Beispiel für den Wert der Schuppenuntersuchung gibt uns folgender Fall: Abb. 3 zeigt uns in a eine Normalschuppe eines fünfjährigen Herings von der Nordlandsküste, in b eine Schuppe eines ebensolchen Fisches des Jahrganges 1904, d. h. eines in diesem Jahre aus dem Ei geschlüpften Exemplars. Man sieht sofort den großen Unterschied in der Breite des dritten Ringes: der Fisch b ist in seinem dritten Jahre ganz auffallend schlecht gewachsen. Nun hat sich herausgestellt, daß dies für alle Nordlandsheringe dieses einen Jahrganges galt; sie alle waren im Sommer 1906 so schlecht gewachsen. Warum? Man kann vermuten, daß in diesem Sommer etwa das von den Heringen, die in ihrem dritten Lebensjahre stehen, bevorzugte Futter in einem weiten Gebiete spärlich entwickelt gewesen sein muß. Die Ursachen hierfür waren natürlich einige Jahre später unmöglich mehr festzustellen — womit nicht gesagt ist, daß man sie unbedingt hätte ergründen können, wenn man rechtzeitig darauf aufmerksam geworden wäre. Jedenfalls zeigten nur die Nordlandsheringe des Jahrganges 1904 die erwähnte Wachstumsanomalie. Diese Fische dieses Jahrganges waren also von allen anderen sofort leicht zu unterscheiden; es war eine ungeheure Anzahl einer einheitlichen Fischgruppe von der

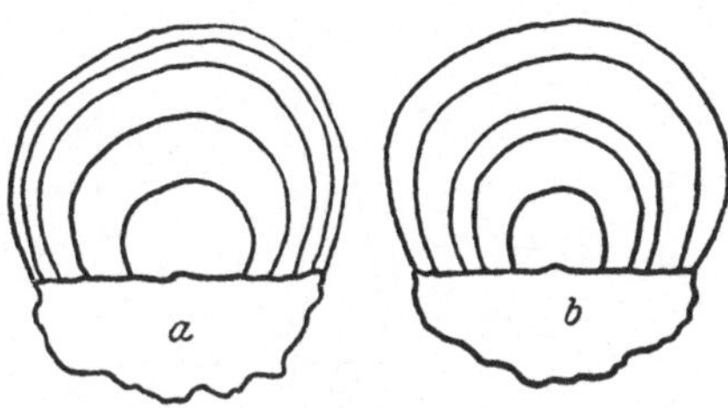

Abb. 3. Natürliche Markierungen an Heringsschuppen durch verschiedenes Wachstum. Zwei Schuppen fünfjähriger Heringe: a) normal, b) markiert durch ein schlechtes Freßjahr (hier 1906). (Nach Lea.)

Natur selbst gekennzeichnet, sozusagen markiert worden. Bei dem Studium der Lebensgeschichte, insbesondere der Wanderungen, der Fische spielt ja die künstliche Markierung eine große Rolle. Bei so empfindlichen Fischen wie dem Hering, der, kaum dem Wasser entnommen, schon tot ist, können solche Markierungsversuche vom Menschen kaum ausgeführt werden. Hier war er von der Natur selbst, und in einem unausdenkbar großen Maßstabe, ausgeführt worden, und seine Auswertung hat ungemein reichhaltige Ergebnisse gezeitigt. Man hat ihm u. a. entnommen, daß die Schwärme doch nicht immer die einheitliche Zusammensetzung zeigen, die man früher vorausgesetzt hatte: Im Frühjahrsheringsfang des Jahres 1910 fanden sich zwei verschiedene Formen in ungefähr gleicher Anzahl, nämlich der markierte Nordlandshering und noch ein anderer, noch unbekannter Herkunft, von dem aber festzustellen war, daß er um zwei Jahre früher laichreif wird als jener, also wohl unter ungleich günstigeren Bedingungen leben muß, und man konnte selbstverständlich an diesem Material die jahreszeitlichen Wanderungen mit besonderer Klarheit verfolgen.

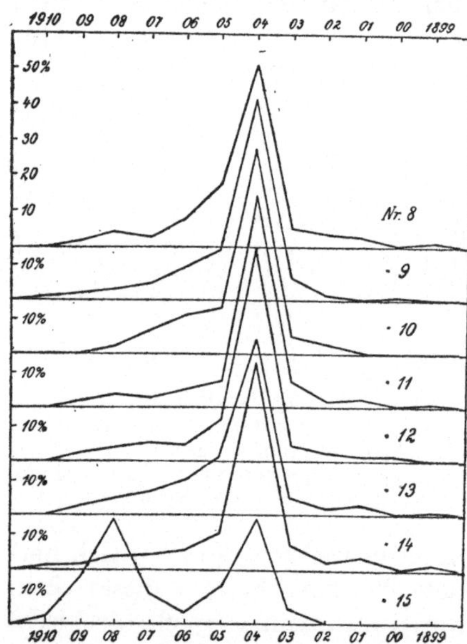

Abb. 4. Alterszusammensetzung der 8 Proben vom Frühjahrshering, Februar 1914. (Nach Hjort.)

Ganz besonders aufschlußreich aber sind die Resultate der Schuppenuntersuchung in bezug auf die Zusammensetzung der großen Schwärme nach Jahrgängen und die daraus zu ziehenden Folgerungen. Wir sehen nämlich deutlich, daß in guten Heringsjahren die große Masse der Fische fast nur aus einem einzigen Jahrgang besteht. So sind z. B. nach den hier wiedergegebenen Kurven bei 8 verschiedenen Proben des norwegischen Frühjahrsherings, die Fische der Jahrgänge 1899 bis 1910 enthielten, immer wieder die Tiere des einen Jahrganges 1904 in ungefähr der gleichen Menge vertreten, wie die der übrigen 11 Jahrgänge zusammen (Abb. 4). Und in Abb. 5 sehen wir, daß in den Jahren 1908 bis 1914 in allen untersuchten Proben des norwegischen Frühjahrsherings immer wieder der eine Jahrgang 1904 dominiert. Im Jahre 1907, in dem dieser Jahrgang erst dreijährig, also noch nicht laichreif ist, spielt er im Fange noch gar keine Rolle, tritt aber schon im nächsten Jahre mit 35% des Gesamtfanges auf, erreicht im Jahre 1910 sein Maximum mit 77,3%, und beträgt im Jahre 1914, in dem der Jahrgang zehnjährig ist, immer noch über 50%, um dann in den nächsten Jahren allmählich zu verschwinden. Aber selbst im Jahre 1921, als diese Fische 17jährig waren, stellten sie noch 16% der Fänge. Die hier berücksichtigten Jahre waren aber gerade besonders gute Fangjahre, und sie waren es, wie man deutlich sieht, nur infolge des zahlreichen Auftretens dieses einen Jahrganges. Würde man diesen ausschalten, so würden alle übrigen zusammen nicht ausreichen, auch nur einen mittelmäßigen Fang abzugeben. Das heißt also: wenn im Jahre 1931 sich die Eier und Larven der Nordlandsheringe gut entwickeln, wenn ein viel höherer Prozentsatz von

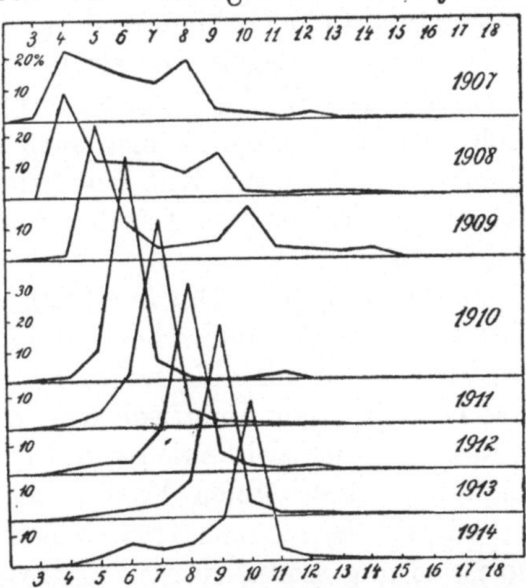

Abb. 5. Alterszusammensetzung der Frühjahrsheringe aus den Jahren 1907—1914; das Mittel aller in jedem Jahre untersuchten Proben. Für 1914 konnten nur die Proben vom Februar berücksichtigt werden. (Nach Hjort.)

ihnen als gewöhnlich davonkommt und heranwächst, so können wir vier Jahre nachher mit fast voller Sicherheit mit dem Beginn einer etwa 10 jährigen Periode guter Fänge rechnen, auch wenn etwa die Brut der nächsten Jahre recht schlecht ausfallen sollte. Ganz offenbar kommt es auf das erste Lebensjahr an, in dem sehr oft der weitaus größte Teil der Jungbrut zugrunde geht, ab und zu aber ein Jahrgang ganz besonders gut abschneidet. Woher nun aber dies kommt, das freilich wissen wir nicht genau. Es ist zu vermuten, daß hier klimatische Bedingungen eine ausschlaggebende Rolle spielen, die vielleicht die zarten, mikroskopischen Organismen, die erste Nahrung der Brut, manchmal besonders reichlich auftreten lassen. Es mag auch sein, daß etwa ein starker Temperatursturz zur Zeit der Laichentwicklung oder etwas Ähnliches den größten Teil der Eier oder frisch geschlüpften Larven dahinrafft.

Soviel ist sicher: Die kurzfristigen Schwankungen in den Erträgen der Heringsfischerei, die innerhalb von Jahrzehnten die Erträge so auffällig wechseln lassen, sind bedingt durch das Gedeihen der Jungfischchen im ersten Lebensjahre; ein gutes Jahr hier zieht eine ganze Reihe guter Fangjahre innerhalb einer bestimmten Frist nach sich. Dies zu wissen ist schon viel, wenn auch freilich noch lange nicht alles. Aber so ist es nun einmal in der Naturwissenschaft: Hinter jedem beantworteten Warum richtet sich immer sogleich eine ganze Reihe von neuen Warum auf.

Es braucht kaum gesagt zu werden, daß das hier Erkannte nicht nur für den Hering allein gilt, sondern eigentlich für alle Nutzfische. Die kurzfristigen Schwankungen der Fischereierträge erklären sich fast immer in ganz ähnlicher Weise – wenn der Ausdruck „Erklären“ hier gebraucht werden darf. Ganz und gar nicht erklärt sind aber damit die obenerwähnten langfristigen Schwankungen in den Erträgen der Heringsfischerei. Wir wissen damit noch nichts über die Faktoren, die z. B. diese Erträge an der Bohuslänküste in etwa hundertjährigen Perioden an- und abschwellen lassen, und, allem Anscheine nach, an der Südspitze von Schonen in noch viel längeren Zeiträumen.

Vielleicht sind nun aber sehr interessante Forschungen schwedischer Ozeanographen, die kurz vor dem Kriege eingesetzt haben, geeignet, Licht in das Dunkel dieser verworrenen Fragen zu bringen. Diese Gelehrten haben sich eingehend mit dem Salzgehalt des Ostseewassers in verschiedenen Tiefen und in verschiedener Entfernung von der Verbindung zwischen Ost- und Nordsee (Sund und Belte, Kattegatt, Skagerrak) beschäftigt. Wir wissen längst, daß die Ostsee, wenigstens in ihren oberen Wasserschichten, sehr viel salzärmer ist als die Nordsee. Die großen Ströme und die Mengen an Schmelzwasser, die aus den Uferstaaten in diesen riesigen, nur durch eine enge und seichte Verbindung mit der Nordsee zusammenhängenden Meerbusen einmünden, süßen die Ostsee, namentlich in ihren östlichen Teilen, sehr stark aus. Das schwere Salzwasser der Nordsee und des Atlantischen Ozeans hat einen durchschnittlichen Salzgehalt von etwa 3,5%. Dagegen findet man in den oberen Schichten am Nordende des Bottnischen Meerbusens nur noch einen Salzgehalt von 0,3%, der bis zur Höhe von Gotland auf 0,7, bei Bornholm auf 0,8, im Großen Belt auf 1,5 und im Kattegatt auf 2% ansteigt. Das war freilich nicht immer so; einst stand die Ostsee über Lappland in breiter offener Verbindung mit dem Nördlichen Eismeer, und damals war sie natürlich ebenso salzreich wie andere Teile des Ozeans. Erst seitdem, etwa zu Ende der Eiszeit, diese Verbindung durch Hebung des Landes unterbrochen ist, erfolgt die fortschreitende Aussüßung dieses Meeresteiles. Selbstverständlich ist das der Ostsee zufließende Süßwasser spezifisch leichter als das salzreichere Meerwasser. Der Strom also, der beständig den Wasserüberschuß durch die Belte und den Sund dem Kattegatt und schließlich der Nordsee zuführt, nimmt die obersten Wasserschichten ein; in den Tiefen dagegen bewegt sich ein Strom schweren Salzwassers aus der Nordsee in die Ostsee, und da, wo die beiden aufeinandergelagerten, in verschiedene Richtung strebenden Strömungen sich berühren, vermischen sich Teile von ihnen zu einem „Zwischenlager“ von mittlerem Salzgehalt.

Dies alles weiß man schon recht lange, wie es denn auch

ziemlich selbstverständlich ist. Während man aber früher die beiden Strömungen für konstant hielt, hat man später gefunden, daß manchmal der salzreiche Unterstrom stärker in die Ostsee hineindrückt, und man hielt dies zunächst für eine Folge von windbewirkten Strömungen oder von hohem Barometerdruck über der Nordsee. Neuerdings aber hat sich ergeben, daß dieser Unterstrom rhythmisch pulsiert, und zwar im gleichen Rhythmus mit der Flut des freien Ozeans, die ja bekanntlich in der Ostsee so gut wie gar nicht zu bemerken ist. Schon im Skagerrak, an der Bohuslänküste, sind die in der Nordsee so gewaltigen Gezeitenschwankungen auf Ausschläge von 20—30 cm zusammengeschrumpft. Versenkt man aber Schwimmer im Belt, deren Gewicht so abgestimmt ist, daß sie ständig auf dem Zwischenlager von mittlerem Salzgehalt schweben, so zeigt sich, daß sie im Rhythmus der Gezeiten um 2—3 m auf- und absteigen. Der Puls des Meeres schlägt also hier ebenso kräftig wie draußen in der Nordsee; aber er ist nicht mehr an der Oberfläche, sondern erst in einer Tiefe von 18—20 m zu fühlen. Das süße Wasser des Oberstromes glättet wie ein Öllager die hohen Wogen dieses Gezeitenstromes.

Verlaufen die halbtägigen Gezeitenbewegungen, die der Anziehung des Mondes (in der Hauptsache) zu verdanken sind, in jener Tiefe ganz normal, ohne sich an der Oberfläche bemerkbar zu machen, so gilt dasselbe von den viel intensiveren Ausschlägen, die auf einer Vereinigung der flutbildenden Kräfte der Sonne und des Mondes beruhen. Diese in 14tägigen Perioden wiederkehrenden Springfluten erreichen in engen Buchten sehr große Höhen, so z. B. in einem der Fjorde der Bohuslänküste die enorme Höhe von 15—30 m, so daß zeitweise, während des Höhepunktes der Flut, das ganze Oberwasser aus dem Fjord hinausgedrückt wird und er nur von schwerem Salzwasser erfüllt ist. Die berüchtigten Strömungen des Skagerrak und Kattegatt finden hierin ihre Erklärung.

Der schwedische Forscher Petterson, dem wir die Aufklärung dieser Verhältnisse verdanken, bezeichnet die erwähnten unterseeischen Flutwellen direkt als Mondwogen.

Nun wechselt, wie ja die regelmäßige Wiederkehr der Springfluten zeigt, die flutbildende Kraft des Mondes periodisch, oder für diesen eben erwähnten Fall sagen wir besser: Sie wird zeitweise, bei Voll- und Neumond, d. i. zur Zeit der Springfluten, durch die gleichgerichtete Kraft der Sonne unterstützt und verstärkt, im ersten und letzten Viertel dagegen, wenn Mond und Sonne infolge ihrer Stellung zur Erde in entgegengesetztem Sinne wirken, stark abgeschwächt; denn die flutbildende Kraft des Mondes, der der Erde ja so viel näher ist, ist etwas mehr als doppelt so groß wie die der Sonne. Es gibt aber auch ausgedehntere Perioden als die halbmonatigen, und in der jährlichen Periode, die die Mächtigkeit der Gezeitenausschläge regelt, spricht sich die höhere Einflußnahme des Mondes darin aus, daß diese Periode nicht 365, sondern 355 Tage umfaßt, also nicht unserem Sonnenjahre entspricht, sondern dem Mondjahr, d. i. der Zeit, die zwischen zwei analogen Mondkonstellationen verstreicht.

Nach Petterson nun läßt sich beweisen, daß infolge von Veränderungen der Mondbahn zu Erde und Sonne die flutbildende Kraft des Mondes verschiedene Intensität erreichen muß, und zwar in verschiedenen äußerst kompliziert zu errechnenden Perioden. Die größte Schwingung dieser Kurve ist so zu berechnen, daß ein sehr starkes Anschwellen der Fluten ungefähr alle 1800 Jahre eintritt. Der letzte Höhepunkt dieser Art fällt nun genau in die Zeit der Hanseatischen Heringsfischerei; der vorletzte fiel in die Zeit, zu der in den Kjökkenmöddingern der dänischen Ostseeküste so reichliche Spuren eines erheblichen Konsums an Heringen erscheinen, zu Ende der Bronzezeit. Es läßt sich sehr gut vorstellen, daß diese gewaltigen Flutwellen den Bankhering der Nordsee bis weit in den Öresund, an die Küste von Schonen, geführt haben. Hier, wo sich das Meer so stark verengt, daß man fast von einer großen natürlichen Reuse sprechen kann, mußten dann die Heringsmassen so eng zusammengedrängt werden, daß jene Zustände sich ergaben, die Saxo Grammaticus schildert. Damals mußte der Schonensche Heringsfang blühen; mit dem Abflauen der diese riesigen Flutwellen bewirkenden Konstellation fand er sein Ende. Man kann voraussagen, daß in etwa 1000—1200 Jahren sich wieder eine ähnliche Gestirnstellung ergeben werde. Dann werden die großen Mondwogen des schweren salzreichen Nordseewassers wieder die riesigen Heringszüge bis in den Öresund und an die südschwedische Küste tragen.

Regelmäßige Schwingungen von geringerer Intensität und Ausdehnung sind diesen großen Perioden untergeordnet, die bei genauerem Studium vielleicht die Schwankungen der Bohuslänfischerei erklären werden. Die kleinste Periode hängt mit der Deklination des Mondes zusammen, d. h. mit seinem höchsten bzw. niedersten Stand am Firmament, der seiner größten Flutkraft entspricht. Diese Periodizität umfaßt immer einen Zeitraum von 18½ Jahren. Durch Vergleich aller Nachrichten über den Ausfall der Heringsfischerei seit 150 Jahren hat Petterson festgestellt, daß die Höchsterträge im Kattegatt immer mit der höchsten Deklination des Mondes zusammengefallen sind. Natürlich können auf diese Weise nur Schwankungen in dem Auftreten der Heringe an bestimmten Orten erklärt werden, die, namentlich in den früheren Zeiten der primitiven Küstenfischerei, identisch waren mit riesigen Schwankungen der Ausbeute, ohne aber mit der größeren oder geringeren Menge der überhaupt vorhandenen Fische zusammenfallen müssen.

Wir sehen an diesem Beispiel besonders klar, welche Fülle von Einzelbeobachtungen auf allen möglichen Gebieten der Naturwissenschaft nötig ist, um ein ökonomisches Problem der Lösung näherzubringen. Allerdings betrifft dieses Problem eben einen Fisch, der in der Ernährung der Menschheit eine kaum zu überschätzende Rolle spielt. Andererseits macht uns der Fortschritt in der Schiffahrt und der Fangtechnik immer unabhängiger von jenen Faktoren, die die örtliche Verteilung eines solchen Fisches regeln. Heute muß man nicht mehr, wie etwa im Mittelalter, das Erscheinen der großen Heringszüge an den Küsten abwarten, sondern der Fang kann eben auch draußen auf dem freien Meere stattfinden. Immerhin stellt auch heute noch das Erscheinen eines Heringszuges oder „Heringsberges“ etwa am Eingange eines Fjords ein wichtiges Ereignis im Leben der fischereitreibenden Bevölkerung dar. Der Schwarm muß mit Netzen eingekreist und so weit gegen die Küste zu gedrängt werden, daß die Netze von der Oberfläche bis zum Grunde reichen. Ist dies geschehen, so wird der Kreis geschlossen und das gesamte Netzmaterial fest verankert, so daß die Heringe darin wie die Schafe in der Hürde zusammengepfercht stehen; der Schwarm ist „gestängt", wie man an den norwegischen Küsten sagt, und kann nun mit kleineren Netzen ausgeschöpft werden. Besteht aber der Schwarm nicht aus Laichheringen, sondern aus Freßheringen, deren Darmkanal vollgepfropft ist mit Nahrung, die aus den ungeheuren Mengen von Planktonorganismen, Krebschen, Schnecken-, Muschel- und Wurmlarven, Flügelschnecken u. dgl. besteht, so müssen die Fische erst einige Tage innerhalb des Pferches gehalten werden, bis sie die Nahrung verdaut und ausgeschieden haben. Würde dies nicht geschehen, so würde sich der Darminhalt alsbald zersetzen und den abgetöteten Heringen einen abscheulichen Geschmack und Geruch mitteilen und jede Verwertung in frischem oder konserviertem Zustande unmöglich machen. Die erfahrenen Heringsfischer wissen sehr genau die verschiedene, in dieser Hinsicht mehr oder weniger günstige Zusammensetzung der Nahrung zu beurteilen.

Jahrhundertelang ist nur diese Küstenfischerei auf den Hering ausgeübt worden, und die Fischer waren völlig abhängig von dem Erscheinen der Schwärme in relativer Nähe der Küste. Erst seit dem Bestehen seetüchtigerer Fahrzeuge kann man den Fisch auch auf die hohe See hinaus verfolgen. Hier wird mittels der Treibnetze gefischt, die oben mit Schwimmern, unten mit Bleigewichten versehen, zu mehreren aneinandergeknüpft, eine kilometerlange, senkrecht im Wasser stehende Wand von Maschen darstellen, gegen die der Hering anschwimmt. Mit dem Kopfe fahren sie durch die Masche hindurch, der Körper kann nicht durchschlüpfen, und ein Zurückziehen verhindern die in der Angst gespreizten Kiemendeckel, so daß beim Heben des Netzes Tausende von silberglänzenden Fischleibern in den Maschen hängen.

Von der Größe der Heringsschwärme mögen folgende

Zahlen einen ungefähren Begriff geben: Ein Fang von nur einigen 100 Tonnen, die Tonne je nach der Größe der Fische zu 600 bis 1000 Stück gerechnet, gilt als unbedeutend; Fänge von 10 000 Tonnen sind nicht allzu selten, solche von 30—60 000 Tonnen kommen vor. Den reichsten bisher bekanntgewordenen Fang lieferte ein gestängter Schwarm mit 464 000 hl fertiger Ware.

Seit der Einführung der Dampfer und der von ihnen geführten Grundschleppnetze in die Hochseefischerei verfolgt man die Heringe auch in die Tiefen ihres Wohngebietes mit steigendem Erfolge. Vielfach wird allerdings die Befürchtung ausgesprochen, daß die Schleppnetz- oder Trawlfischerei, die es erlaubt, viele bisher notgedrungen geschonten Schlupfwinkel der Fische auszubeuten, und die mit ihren engmaschigen Geräten auch die Jugendstadien vieler Fischarten massenhaft zusammenrafft, schließlich doch eine Verarmung der bisher für unerschöpflich gehaltenen Reichtümer des Meeres herbeiführen könnte. Von der Gegenseite wird geltend gemacht, daß diese Befürchtungen besonders von den Treibnetzfischern ausgesprochen werden, deren Betrieb durch die Trawler oft empfindlich gestört wird. In der Tat wird es sich als notwendig erweisen, durch entsprechende Vorschriften dafür zu sorgen, daß beide Arten von Fischern nebeneinander leben können, ohne sich gegenseitig zu beeinträchtigen. Von einer wirklichen Abnahme der Heringserträge in den nordeuropäischen Fanggebieten wissen weder die Gelehrten noch die Statistik etwas Greifbares zu berichten.

Auf beinahe der ganzen nördlichen Halbkugel ist der Hering in den Küstengewässern verbreitet, und ganz gewiß wird in einer nahen Zukunft noch mancher reiche Fangplatz, z. B. an den nördlichen Küsten Europas und Asiens, erschlossen werden. Daß der an den grönländischen und an den atlantischen Küsten Nordamerikas heimische Hering der gleichen Art angehört wie unser europäischer, scheint sicher zu sein. Der in den japanischen Gewässern viel gefangene Fisch ist ihm zum mindesten ungemein nahe verwandt, an den pazifischen Küsten Nordamerikas ist eine Form zu Hause, die vielleicht auch nur eine Abart darstellt.

Wenn die nahen Verwandten des Herings, wie Sprott, Sardine, Sardelle usw. auch in der Weltwirtschaft nicht annähernd so wichtig sind wie dieser, so ist doch in einzelnen begrenzten Gebieten ihre Bedeutung außerordentlich groß. So die Sardine, die ja wohl jedem Binnenländer in der Zubereitung als Ölsardine gut bekannt ist, ein an den westeuropäischen Küsten von Südengland bis Gibraltar und weit hinein ins Mittelmeer verbreiteter Fisch, der an den französischen Küsten allein in guten Jahren Ausbeuten bis über eine Milliarde Stück liefert, nebst vielen verwandten Arten in den verschiedensten Meeren. So spielt z. B. in Amerika die kalifornische Sardine eine ähnlich wichtige Rolle. Ähnlich weitverbreitet wie die echte Sardine ist auch die kleinere und weniger feine Sardelle, die im Mittelmeer bis ins Schwarze Meer hinein massenhaft gefangen wird, während der Sprott mehr in den nördlicheren Teilen, namentlich in Nord- und Ostsee zu Hause ist und das Material für eine besonders feine Räucherware abgibt.

Wenig bekannt dürfte es übrigens sein, daß sich unter den Heringsarten auch einzelne Arten finden, die zeitweise oder dauernd im Süßwasser leben.

In der Nord- und Ostsee leben zwei sehr nahe miteinander verwandte Arten, der Maifisch, der bis zu 3 kg schwer wird, und die hauptsächlich in der Ostsee verbreitete Finte, die höchstens ein Gewicht von 1 kg erreicht. Diese ausgesprochen marinen Fische steigen im Frühjahr in die Flüsse hinauf, um hier zu laichen, ähnlich wie der Lachs, und dann, vollständig entkräftet, oft sterbend, wieder flußabwärts zu treiben. Die junge Brut wandert im Herbst dem Meere zu.

In früheren Zeiten sind die Maifische im Rhein bis Basel hinauf gewandert, und auch an seinen Zuflüssen, wie z. B. im Main und Neckar, war das ungeheure Geplätscher, das die laichenden Fische des Nachts vollführen, ein allgemein bekannter Ton. Da das Fleisch dieser Fische vor dem Laichen fettreich und sehr wohlschmeckend, hernach aber so gut wie ungenießbar ist, wurde der Fang in allzu rücksichtsloser und wenig voraussehender Weise betrieben, namentlich an der Rheinmündung haben die Holländer alljährlich einen wahren

Vernichtungskrieg gegen die Maifische geführt und dadurch eine ungeheure Abnahme der Bestände erzielt.

Gerechterweise muß man allerdings hinzufügen, daß auch andere Faktoren, wie die stets zunehmende Verunreinigung des Rheins durch industrielle Abwässer, die Stauwerke usw., an der Vernichtung dieser einst recht wichtigen Fischerei mitschuldig sind. Sicherlich aber hätte mit etwas mehr Sorgfalt und Voraussicht vieles erhalten werden können, was heute verloren ist.

An den atlantischen Küsten Nordamerikas lebt eine dem Maifisch sehr ähnliche Heringsart, der Shad, der auch dort zum Laichen in die Flüsse aufsteigt. Auch hier ist er durch rücksichtslose Verfolgung in manchen Flüssen so gut wie ausgerottet worden, was bei seiner Beliebtheit und der nicht unwichtigen Rolle, die er in der Ernährung spielte, zu energischen Maßnahmen Veranlassung gab. Mit der in den Vereinigten Staaten in solchen Dingen gewohnten Großzügigkeit wurde die künstliche Zucht des Fisches in die Wege geleitet, und versuchsweise wurde vor etwa 50 Jahren neben den eigentlichen Heimatflüssen des Shad auch ein Zufluß des Stillen Ozeans, der Sacramento, mit Jungfischen besetzt. Heute ist der Fisch an der ganzen pazifischen Küste von Südkalifornien bis Alaska verbreitet und wird in den dortigen Flüssen in Mengen von einigen Millionen Kilogramm jährlich gefangen.

Reine Süßwasserfische sind ein paar in Italien heimische Heringsarten, wie die Agoni der oberitalienischen Seen, die recht wohlschmeckend sind, und die Cheppie der Flüsse, die ein Feinschmecker als „Baumwolle mit Stecknadeln“ charakterisiert.

Die Dorsche.

Noch wichtiger für die Ernährung der Menschheit als der Hering und seine Sippe ist die Familie der dorschartigen oder schellfischartigen, langgestreckte Fische mit verhältnismäßig großem Kopf und dünnem Schwanzende, die an einem Bartfaden, der wie ein Knebelbart am Kinn steht, zu erkennen sind. Bei uns im Süßwasser ist die Familie durch eine einzige Art, die Rutte, Aalrutte oder Quappe, vertreten, die ein ziemlich verborgenes Leben unter Steinen usw., vielfach auch in den großen Tiefen der Alpenseen, führt und dem Laien meist ganz unbekannt ist. Unter den Vertretern dieser Gruppe ragt weit hervor der Dorsch oder Kabeljau, ein unter den verschiedensten Namen und in den verschiedensten Zubereitungen bekannter Fisch, der fast auf der ganzen Welt in einer Menge gegessen wird, die vielleicht, seine nahen Verwandten mitgerechnet, die Hälfte oder mehr aller überhaupt gefangenen Seefische darstellt.

Frisch heißt er im Deutschen Kabeljau, wenn er groß ist, als kleines Exemplar Dorsch, getrocknet Stockfisch, getrocknet und gesalzen Klippfisch, eingepökelt Laberdan; die Zahl seiner Namen in den verschiedenen Sprachen und Dialekten ist natürlich Legion.

Der Kabeljau, der eine Länge von 1,5 m und ein Gewicht von 50 kg erreichen kann, ist über den nördlichen Teil des Atlantischen Ozeans und das Nördliche Eismeer verbreitet und kommt hier überall an den europäischen und amerikanischen Küsten in ungeheurer Menge vor. Auch er schart sich zeitweise zu unermeßlichen Zügen oder „Bergen" zusammen, seien es nun Laich- oder Freßschwärme, und führt, ähnlich wie der Hering, ganz ansehnliche Wanderungen aus, wenn auch nicht so weite, wie man sich das früher vorgestellt hat. Auch er wandert zum Laichen aus tieferem Wasser in die Nähe der Küsten, und ebenso auf der Verfolgung seiner Nahrung. Als äußerst gefräßiger Raubfisch folgt er den Schwärmen kleinerer Fische oder auch solcher wirbelloser Tiere, die schon einen stattlicheren Bissen darstellen. So sind an den nordamerikanischen Küsten die Züge der Kabeljaus im wesentlichen abhängig von den Wanderungen des Herings, des Kapelans, eines kleinen, etwa sprottengroßen Fisches aus der Familie der Lachse, der in riesigen Mengen das nördliche Eismeer bewohnt, und eines Tintenfisches aus der Gruppe der Kalmare. Sowohl der Kapelan als auch der Kalmar bilden schon selbst örtlich recht wichtige

Objekte des Massenfanges. In Grönland z. B. stellt der getrocknete Kapelan einen sehr wesentlichen Teil der Wintervorräte der Einwohner dar. In seichteren Meeresteilen bei Neufundland sollen die Laichschwärme der Kapelane eine Längen- und Breitenausdehnung von 50 Seemeilen erreichen, so daß man gewiß viel zu wenig sagt, wenn man nur von Milliarden spricht. Diesen Schwärmen folgen außer Seevögeln, Seehunden und vielerlei Raubfischen auch die unermeßlichen Züge des Kabeljaus, die dann ihrerseits wieder dem Menschen zur Beute werden. Wenn dann die Kapelane die Buchten und Flußmündungen mit Billionen ihrer flottierenden Eier erfüllt haben und wieder verschwinden, so erscheinen die Laichschwärme des Kalmars an den gleichen Stellen und werden gleichfalls zu mehreren Millionen Kilogramm gefangen und in Nordamerika in gefrorenem Zustande im ganzen Lande gehandelt, während sie in gewiß noch viel größerer Menge von den oben genannten Tieren gefressen werden. Trotz der nicht zu unterschätzenden Wichtigkeit dieser Tiere für die menschliche Ernährung tritt diese weit zurück gegenüber ihrer Bedeutung für den wichtigsten Nutzfisch, den Kabeljau. Ungezählte Millionen von Kapelanen und Kalmaren werden auf der Neufundlandbank als Dorschköder verwendet, neben Heringen und gewissen Muscheln und Schnecken, insbesondere der ungefähr faustgroßen Wellhornschnecke, die mit Schleppnetzen in sehr großer Menge zu diesem Zwecke gefangen wird.

Diese Neufundlandbank stellt schon seit Jahrhunderten den weitaus bedeutendsten Fangplatz für Kabeljau dar. Ganz wie wir es bei den skandinavischen Heringsplätzen gesehen haben, so finden wir auch hier die fischereilichen Interessen der verschiedenen Staaten in der Politik und der Kriegsführung mehrfach von besonderem Gewicht. Schon im Utrechter Frieden, der 1713 den spanischen Erbfolgekrieg abschloß, haben sich die Engländer den Besitz dieser reichen Fischereigebiete gesichert, wobei sich allerdings die Franzosen ein Mitfischereirecht an einem Teile der Küste vorbehielten. In den verschiedenen Friedensschlüssen zwischen England und Frankreich zu Ende des 18. und zu Beginn des 19. Jahrhunderts haben stets Abmachungen über die Neufundlandfischerei eine sehr bedeutende Rolle gespielt.

Die großen Bänke, das sind unterseeische Erhebungen mit einer Wassertiefe von 50—175 m, namentlich die große Neufundlandbank mit einer Ausdehnung von 120000 qkm, sowie einige andere derartige Gebiete östlich von Neufundland, zwischen dieser Insel und Neuschottland und schließlich die St. Lorenzbai, bilden die ergiebigsten Fischfangplätze der Welt, auf denen jährlich weit über 100000 Fischer aus Europa und Amerika sich versammeln, abgesehen von den mehr als 50000 auf der Insel selbst ansässigen Fischern, und diese Gegend allein liefert mehrere hundert Millionen der großen Fische.

Mehr als hunderttausend Menschen leben von der Kabeljaufischerei an den europäischen einschließlich der isländischen Küsten, wobei die nördlichsten Gegenden besonders bevorzugt sind. Aber auch die Nord- und Ostsee sind nicht unbedeutende Fangplätze. Im Jahre 1907 lieferte die Nordsee mehr als 70 Millionen Kilo im Werte von 15 Millionen Mark, die Ostsee, in der die Fische viel kleiner bleiben und somit als Dorsche bezeichnet werden, immerhin auch 2,5 Millionen Kilo, von denen etwa drei Fünftel auf die deutsche Fischerei entfielen. Viel bedeutender sind die Ausbeuten an den isländischen, schottischen und norwegischen Küsten, namentlich seitdem die Einführung von Dampfern und Dampfbetrieb für die Verwendung der Grundschleppnetze es gestatten, innerhalb weniger Wochen, unter günstigen Umständen sogar Tage, eine volle Ladung zu erbeuten, und sie, unterstützt durch die fortgeschrittene Kühltechnik, binnen kurzer Zeit in den Hafen zu liefern.

Aus der Statistik geht hervor, daß im Jahre 1929 durch deutsche Fischereifahrzeuge insgesamt über 48,5 Millionen Kilo Kabeljau aufgebracht worden sind, wovon 62% auf die isländischen Gewässer entfallen. Sehr interessant ist aber eine besondere Rubrik dieser Statistik, die ausweist, wieviel durchschnittlich pro Reisetag und Schiff in den verschiedenen Meeren gefangen wurde. Da lieferte:

Die Nordsee	60 kg
Skagerrak.	180 „
Kattegatt	531 „
Barentsmeer	925 „
Island	1066 „

Man erkennt hieraus vielleicht am deutlichsten den verschiedenen Wert der einzelnen Fischplätze. Der allerbeste Fischplatz in den europäischen Gewässern allerdings ist hier nicht genannt, weil er sich im norwegischen Hoheitsgebiete befindet und daher nur von norwegischen Fischern ausgebeutet werden kann. Es ist dies die Inselgruppe der Lofoten, die schon jenseits des Polarkreises, im nördlichen Eismeere, nahe der Küste des norwegischen Festlandes, liegt.

Hier sind merkwürdigerweise auf einem Boden, der kaum das allernotwendigste an Nahrung für wenige Menschen und Tiere hervorbringt, reiche und stattliche Gehöfte zu sehen. Der Reichtum kommt ausschließlich aus dem Meere. Im Winter, wenn die Sonne auch tagsüber nicht scheint und nur der Mond oder das Nordlicht die monatelange Nacht erleuchtet, finden sich hier etwa 7000 Boote mit 30000 Mann ein, die eine jährliche Ausbeute von mehr als 30 Millionen Stück Kabeljau ergeben. Da es sich hier um eine besonders große Form, den „Skrei“, handelt, entspricht dies einer ganz gewaltigen Gewichtsmenge.

Man fischt bei den Lofoten mit Stellnetzen, in deren Maschen die Fische mit dem Kopf steckenbleiben, und mit Angeln. Die Grundschnur, die 2000 m lang ist und etwa 1000, an kurzen Leinen von ihr abzweigende, Angelhaken trägt, wird mit Kapelan beködert und versenkt. Alle 6 Stunden wird sie gehoben, der Fang abgenommen und die neubeköderten Angeln wieder versenkt. Inzwischen arbeitet jeder Fischer mit zwei Handangeln, die fortwährend mit neuer Beute gehoben werden müssen. Ein geschickter Mann kann auf diese Weise allein täglich 300—400 Stück erbeuten. An anderen Örtlichkeiten ist besonders das Schleppnetz in Gebrauch.

Mehr Arbeit als der Fang macht die Verarbeitung der Fische, die natürlich sehr rasch erfolgen muß. Außer dem eigentlichen Fleisch, das entweder frisch, in Eis verpackt, oder nach den verschiedenen Methoden konserviert, versendet wird, findet noch alles seine besondere Verwendung. Die Köpfe werden zuerst abgeschnitten und in Bottichen gesammelt. Im nördlichen Norwegen dienen sie vielfach als Viehfutter. Mit Seetang zusammen zerkocht, was einen ganz abscheulichen Gestank verbreitet, werden die Fischköpfe an die Kühe verfüttert, die sich in jener an Futterpflanzen so armen Gegend an diese merkwürdige Nahrung gewöhnt haben. Geröstete und gepulverte Fischköpfe werden als Dünger verwendet, neuerdings vielfach nach vorheriger Extraktion des Fettes. Die Lebern werden besonders sorgfältig gesammelt und als das wichtigste Ausgangsmaterial für die Gewinnung des Lebertrans verwendet. Früher wurden sie in großen Fässern der Fäulnis überlassen und der dabei frei werdende Tran abgeschöpft. Man kann sich vorstellen, mit welcher Geruchsbelästigung dieser, vielfach in norwegischen Hafenstädten im Freien geübte, Vorgang verbunden war. Heute wird der Tran ganz allgemein ausgekocht, was ein wesentlich reineres und appetitlicheres Produkt ergibt; jeder moderne Fischdampfer ist mit Trankochern ausgestattet. 100 kg Dorschlebern ergeben, je nach dem Ernährungszustande der Fische, 20—58 kg Tran. Neuerdings spielen neben den dorschartigen Fischen auch noch andere Arten, z. B. die Haie mit ihren riesigen fettreichen Lebern, eine wichtige Rolle in der Gewinnung des medizinisch geschätzten Lebertrans.

Zunge und Schwimmblase liefern einen besonders guten Leim, und die Eier werden in großen Mengen eingesalzen als Köder für die Sardinenfischerei nach Südfrankreich, Portugal usw. versendet. Die Därme schließlich dienen als Köder für weiteren Fang. Das Fleisch selbst wird auf die verschiedenste Weise verarbeitet. Nach dem Abtrennen der Köpfe wird der Fisch von den geübten Männern mit einem einzigen Schnitt der Länge nach gespalten und zugleich ausgeweidet. Die gespaltenen Fische werden dann an Gerüsten, zu deren Einrichtung die Fischdampfer reichlich Gabeln und Stangen mitbringen, aufgehängt und trocknen gelassen, was

Monate in Anspruch nimmt und so unter freiem Himmel nur in der trockenen, reinen, stets windbewegten Luft dieser einsamen Inseln möglich ist. Der Stockfisch muß so hart und dürr werden wie ein Stück Holz, um haltbar zu sein, und die fertigen Stockfische werden auch so behandelt wie Reisig und bündelweise verschnürt. Vor dem Genusse muß er dann erst tagelang in Wasser gelegt werden, bis er genügend Flüssigkeit in sich aufgenommen hat und wieder zu seinem früheren Umfang aufgequollen ist. An Stockfischen allein kommen jährlich mehr als 100 Millionen Stück auf den Weltmarkt; in Südeuropa und bis ins Innere Afrikas hinein ist diese Speise sehr geschätzt.

Sind die Gerüste voll, so werden die gespaltenen Fische stark eingesalzen und auf die Klippen der Inseln zum Trocknen ausgebreitet, um Klippfisch zu erzeugen. Doch soll der Name nicht von den Klippen, sondern von dem norwegischen Wort klippen für schneiden, aufschlitzen, abgeleitet sein. In Fässern eingesalzen, also nach Art der Salzheringe behandelt, heißt der Fisch Laberdan; dieser Name soll von der Stadt Aberdeen, einem alten Fischhandelsplatz, herstammen.

Ausgenommen, aber nicht gespalten, werden die Fische in Eis geschichtet und so als frische Fische versandt; in dieser Form werden sie in Mitteleuropa hauptsächlich verbraucht; sie bilden so eine äußerst nahrhafte, bei richtiger Behandlung und Zubereitung sehr wohlschmeckende, und dabei außerordentlich billige Kost. Nach der deutschen Statistik kann man einen Anlieferungspreis von durchschnittlich 20 Pfennig je Kilo annehmen.

Mit der Ausbreitung der Schleppnetzfischerei ändert sich natürlich die Grundlage des ganzen Fischereibetriebes. Das Schleppnetz arbeitet am Meeresgrunde, die Langleine in mittleren Wasserschichten. Unglücklicherweise bevorzugt der Kabeljau rauhen, steinigen Grund, so daß der Kapitän, wenn er Erfolg haben und sich nicht das teure Netz zerreißen will, eine außerordentlich genaue Kenntnis der Bodenbeschaffenheit haben muß.

Ganz besonders zu beachten sind aber die hydrographischen Verhältnisse, deren Einfluß auf das Verhalten des

Kabeljaus und damit auf den Erfolg der Fischerei jetzt eben studiert wird. Auch hier wird man in vielleicht naher Zukunft einen Einblick in die Ursachen der zeitlichen und örtlichen Schwankungen in den Erträgen gewinnen können.

Soviel ist wohl sicher: der wesentliche Faktor ist die Wassertemperatur. Wenn man die größten bekannten Kabeljaufangplätze ins Auge faßt, nämlich die Neufundlandbänke, Island, die Lofoten, so fällt immer wieder auf, daß hier kalte und warme Meeresströmungen zusammentreffen, und auf den Neufundlandbänken ist diese Erscheinung am stärksten ausgeprägt.

Neufundland und die benachbarte Inselgruppe Neuschottland, denen die verschiedenen Bänke nach Osten und Süden vorgelagert sind, liegen auf einer geographischen Breite von 51–45° nördlich, also in gleicher Breite mit Frankreich, die Bänke z. T. noch südlicher. Trotzdem sind die klimatischen Verhältnisse dieser Gegenden und auch des Festlandes an der atlantischen Küste von den europäischen sehr verschieden; man kann hier fast von arktischem Klima sprechen. Dieser Unterschied zwischen den Landmassen zu beiden Seiten des Atlantik sind in dem Verhalten der Meeresströmungen begründet: die europäischen Küsten sind bis weit hinauf nach Norden vom Golfstrom bespült und erwärmt.

In seiner „Geographie des Atlantischen Ozeans" sagt G. Schott: „Das Charakteristische, man möchte fast sagen, das Tragische in dem Verhältnis zwischen Amerika und dem Golfstrom liegt darin, daß Amerika, obwohl der Golfstrom ein Kind der amerikanischen Tropen ist, doch kaum irgendeines Anteils an den Segnungen dieses Warmwasserstromes sich erfreut. Wohl fließt er in der Nähe der Ostküste nordwärts, aber die Winde wehen während des größten Teiles des Jahres, besonders während des Winters, wo das kalte Innere des Kontinents einer Erwärmung am meisten bedürfte, von Nordwesten und Südwesten aus dem Lande heraus, und die milden Lüfte über dem Golfwasser gelangen daher nur selten hinein in die Union. Mehr als das noch: es schiebt sich keilförmig, die Küsten von Labrador, Neufundland, Neuschottland umsäumend, bis in die Subtropen bei Kap Hatteras und südlicher ein Band kalten Wassers zwischen das Festlandsgestade und den Golfstrom, eine kalte Mauer, der cold wall."

Geographisch heißt dieser cold wall der Labradorstrom. Der Golfstrom, der aus dem Golf von Mexiko kommt und sich etwa bei den Bahamainseln mit dem gleichfalls warmen Antillenstrom vereinigt, wird durch diesen in eine mehr nördliche Richtung gedrängt, die dann wieder in eine nordöstliche übergeht und so den Ozean überquert. Südlich der großen Bank nun trifft ihn der kalte Labradorstrom senkrecht in die Flanke, und da dessen Wasser trotz seiner verhältnismäßigen Salzarmut — er führt viel Eis und Schmelzwasser — wegen seiner Kälte schwerer ist als das warme salzreiche Golfstromwasser, so „taucht" der Labradorstrom unter den Golfstrom. Man kann sich vorstellen, daß dieses Zusammentreffen eines kalten und eines warmen Stromes und ihre Durchmischung an den Grenzzonen starke Wirbel und Wasserverschiebungen hervorruft, und daß die Schwankungen der Temperaturverhältnisse in den einzelnen Jahren bedeutende örtliche und zeitliche Unterschiede in diesen Verhältnissen bewirken müssen. Das Eis z. B., das der Labradorstrom mitbringt, ist nicht einheitlicher Herkunft; man unterscheidet zwischen Feldeis und Bergeis. Das Feldeis stammt vom Meerwasser, es hat sich an den Küsten von Labrador gebildet und ist hier, meist in ziemlich niedrigen Schollen, abgebrochen und vom Strome mitgeführt worden. Das Bergeis dagegen, das, wie sein Name sagt, hohe Eisberge bildet, ist Inlandeis und entstammt den grönländischen Gletschern. Dieser verschiedenen Herkunft entspricht es, daß die beiden Eisarten auch im Strome verschieden verteilt sind: das Feldeis bewegt sich an der westlichen, das Bergeis an der östlichen Seite des Stromes, so daß das erstere die eigentliche Neufundlandbank trifft und auf ihr größtenteils abschmilzt, das Bergeis dagegen nur deren Ostrand berührt. Entsprechend dem verschiedenen Eintritt des Eisbruches an den Herkunftstätten erscheinen die beiden Eisarten auch zu verschiedenen Zeiten in den Fischgründen: das Feldeis im Frühjahr. das Bergeis im Sommer.

Der Wechsel der Witterungsverhältnisse in Labrador und in Grönland ist also von großer Bedeutung für die Menge und die Erscheinungszeit der verschiedenen Eisarten an den Bänken, und damit natürlich auch auf die Verteilung und Mischung des kalten und warmen Wassers. Der Wechsel ist oft außerordentlich schroff: nach Schott kann man auf Entfernungen von 10—15 km auch Temperaturunterschiede von ebenso vielen Graden konstatieren, und die Langleinenfischer werden oft während ihrer Arbeit aus kaltem in warmes Wasser abgetrieben.

Nun ist der Kabeljau ein arktischer Fisch und hält sich nur im kalten Wasser auf. Am wohlsten fühlt er sich bei Temperaturen zwischen -2^0 und $+6^0$. Zum Laichen begibt er sich in seichteres Wasser, zieht aber hierzu eine Temperatur um 0^0 vor. Örtliche und zeitliche Verschiebungen der Kaltwasserzone spiegeln sich daher unmittelbar in Veränderungen des Auftretens der Kabeljauberge wider. Oft sind durch diese Stromversetzungen die Schwärme des Kabeljaus so dicht zusammengedrängt, daß von 20—30 Fischdampfern, die auf einem Fangplatze arbeiten, nur zwei oder drei wirklich große Züge machen.

Ein genaures Studium dieser Verhältnisse wird gewiß dazu führen, die recht bedeutenden Schwankungen der Kabeljaufänge zu erklären, vielleicht mit der Zeit selbst zu vermeiden. Wenn diese Schwankungen auch nicht so katastrophal sind wie beim Hering, so wirken sie sich doch recht deutlich aus.

Die nordamerikanische Kommission für Fischereiuntersuchungen, in der die Vereinigten Staaten, Kanada, Neufundland und Frankreich vertreten sind, hat kürzlich eine Statistik der Kabeljaufänge in den drei Jahrzehnten von 1897 bis 1926 veröffentlicht. Danach beläuft sich der durchschnittliche Jahresfang auf 1 103 Millionen (englische) Pfund. In dieser Zeit ist im Jahre 1910 ein Maximum mit 1 339 Millionen und 1914 ein Minimum mit 872 Millionen Pfund zu verzeichnen. Die Unterschiede wären vielleicht noch viel krasser, wenn nicht die Fortschritte in der Fangtechnik und der zunehmende Eifer einzelner Staaten eine ständige Intensivierung des Fanges bewirkten. Würde heute noch so gefischt wie im Jahre 1910, so würde dieses Jahr sich noch vorteilhafter vom Jahre 1925 mit seiner Ausbeute von 1 225 Millionen Pfund abheben. In die hier behandelte Periode fällt ja gerade die bisherige Entwicklung der Schleppnetzfischerei; also eine ungeheure Intensivierung der Fischerei. Frankreich z. B., das erst seit einem Jahrzehnt anfängt, die alte Langleinenfischerei mit Segelbooten durch Dampffischerei zu ergänzen, verzeichnet seit 1918 eine Versechsfachung seines Anteiles an der Ausbeute. 1918 betrug er 57 Millionen Pfund, 1925 schon 344 Millionen.

Trotz der riesigen und noch ständig steigenden Ausbeute der Fischgründe zu beiden Seiten des Atlantischen Ozeans ist bisher von einer Abnahme der Bestände noch nichts zu spüren gewesen. Dessenungeachtet hat man schon seit längerer Zeit sowohl in Norwegen als auch in Amerika Versuche mit künstlicher Erbrütung von Dorschen und auch von anderen wichtigen Nutzfischen gemacht. Es ist ja bekannt, daß in der Süßwasserfischerei die künstliche Befruchtung und Erbrütung der Eier und die Besetzung der Gewässer mit den so gewonnenen Jungfischen von unzweifelhaft günstiger Wirkung ist. In den Seen des Alpengebietes z. B. werden jährlich mehrere 100 Millionen Brütlinge von verschiedenen Renken-, Saiblings- und Forellenarten sowie des Hechtes eingesetzt, und mit sehr deutlich nachweisbarem, in der Fangstatistik zum Ausdruck kommendem Erfolg.

Die Eier und die allerjüngsten Brutstadien sind eben gegenüber Feinden und anderen Gefahren sehr wehrlos und hinfällig, so daß es gewiß einen großen Vorteil bedeutet, wenn sie diese erste Zeit hindurch gegen alle möglichen Einwirkungen geschützt sind. Ganz ähnlich wird es sich natürlich auch beim Kabeljau verhalten. Er ist einer der fruchtbarsten Fische überhaupt; die Nachkommenschaft eines Weibchens zählt nach Millionen. Von dieser unermeßlichen Menge von Eiern, die während ihrer Entwicklung in den oberen Wasserschichten flottieren, geht ganz gewiß noch vor dem Ausschlüpfen ein enormer Prozentsatz zugrunde. Freilich, wenn hier durch das Eingreifen des Menschen irgendein fühlbarer Erfolg erzielt werden sollte, so müßte es sich noch um ganz andere Zahlen handeln als in den Süßwasserseen, und die Aussetzung von ein paar hundert Millionen Dorschbrütlingen auf der Neufundlandbank könnte kaum einen anderen Effekt erzielen als das Gelächter aller Wissenden.

Vielleicht wird die Kühnheit des Menschen und der technische Fortschritt, wenn es notwendig werden sollte, auch diesem Problem einmal mit Erfolg auf den Leib rücken. Die bisherigen Versuche haben sich ein wesentlich bescheidenes Ziel gesetzt. Man ist in Norwegen seit einiger Zeit damit beschäftigt, in verhältnismäßig kleinen, ein abgeschlossenes Fischereigebiet darstellenden Fjorden den Reichtum an Nutzfischen, insbesondere an Kabeljau, zu heben, um den dortigen Fjordfischern reichere Fänge zu verschaffen. Einzelne isolierte Fjorde von geringer Ausdehnung wurden seit einer Reihe von Jahren mit je 10—20 Millionen Brütlingen jährlich besetzt. Die Fischer behaupten auf das bestimmteste, schon einen sehr deutlichen Erfolg wahrzunehmen. Auch die objektive Untersuchung scheint dies zu bestätigen. So ergaben mit wissenschaftlichen Methoden ausgeführte Netzzüge auf Jungdorsche in einem bestimmten Wasserquantum:

	1903	1904	1905	1906
Hellefjord	1,7	6,5	7,5	
Sondeledfjord	4,8	15,2	11,5	
Stendalsfjord		13,5	22,2	28,0

Die norwegischen Forscher sind sich selbst darüber ganz klar, daß sich hier immer noch allerhand Einwände machen lassen, daß z. B. in verschiedenen Jahren, wie beim Hering, die natürlich entstandene Brut sich verschieden gut entwickelt haben kann.

Unter den zahlreichen nahen Verwandten des Kabeljaus sind verschiedene Arten von mehr oder weniger großer Bedeutung, wie z. B. der Schellfisch, dessen Gesamtmenge in der deutschen Ausbeute sich auch neben dem größeren Vetter noch recht wohl sehen lassen kann: 1929 betrug der deutsche Gesamtfang an Kabeljau 48,5, an Schellfisch zirka 35 Millionen Kilo. Daneben sind mehrere Arten von sehr großer lokaler Wichtigkeit, wie z. B. in den Gewässern von Spitzbergen der Köhler oder „Seelachs“, im Mittelmeer der „Seehecht“; jedoch kann sich keiner im Gesamtertrag mit dem Dorsch vergleichen.

Die Plattfische.

Nach den heringsartigen und den dorschartigen — allerdings in einem recht weiten Abstand — besonders wichtig für die Ernährung der Menschheit ist die Gruppe der Plattfische, zu der eine Anzahl von Arten gehört, die bei allen Feinschmeckern hoch angesehen sind, wie die Seezunge, bei den Engländern und Franzosen Sole genannt, nebst einigen sehr nahen Verwandten, wie Scholle, Rotzunge usw., ferner die großen Heilbutts und Steinbutts (engl. Turbot), und schließlich die berühmten Flundern. Stellt der Aal mit seiner schlangenförmigen Gestalt eine extreme Abweichung von der gewöhnlichen Fischgestalt dar, so die Plattfische ein anderes Extrem. Wir kennen ja eine Anzahl von Fischen, die von oben nach unten plattgedrückt erscheinen, die also auf einer unmäßig verbreiterten Bauchseite liegen oder schwimmen, wie die den Haien nahe verwandten Rochen. Die rhombische oder bei einigen Arten annähernd kreisrunde Scheibe des Körpers wird durch die paarigen Brustflossen, die sie als ein ununterbrochener Saum umgeben, noch stark verbreitert.

Diesen Fischen auf den ersten Blick nicht unähnlich erscheinen die gleichfalls scheibenförmigen Zungen und Schollen. Auch sie sehen aus, als seien sie platt gewalzt, sind um ein Vielfaches breiter als hoch und liegen auf einer ganz ebenen Unterfläche, die man natürlich für ihre Bauchseite halten möchte, und tragen, wie jene, zu beiden Seiten einen breiten Flossensaum. Untersucht man sie aber näher, so muß man sich von der seltsamen Tatsache überzeugen, daß sie nicht auf dem Bauch, sondern auf einer Seite liegen, auch mit dieser Seite nach unten schwimmen, also die Flossen nicht rechts und links, sondern auf der Bauch- und Rückenseite tragen. Es sind demgemäß auch nicht die paarigen, sondern die unpaaren Flossen, Rücken- und Afterflosse. Sehen wir also einen solchen am Grunde des Wassers liegenden Fisch an, so erblicken wir ihn in Wahrheit im Profil. Aber diese Profilansicht ist überaus merkwürdig.

Sie entspricht ganz und gar den Porträtzeichnungen kleiner Kinder: das Profil trägt deutlich die beiden Augen nebeneinander, zwei gut entwickelte, oft in schönen Farben strahlende, nach allen Richtungen bewegliche Augen. Auch die beiden Nasenlöcher liegen nebeneinander auf der nach oben gekehrten — bei den meisten Arten der rechten — Seite des Fisches, und die knorpeligen und knöchernen Teile des Schädels sind im höchsten Grade unsymmetrisch verschoben. Das Maul ist bei einigen Arten noch ziemlich symmetrisch, bei vielen aber ist der auf der Unterseite liegende, dem Boden zugekehrte Teil stärker entwickelt und stärker bezahnt, wohl auch von Fühlfäden umstanden. Viele plattdeutsche Fischermärchen erzählen, wie die Flunder bei dieser oder jener Gelegenheit neidig oder höhnisch den Mund schief gezogen habe und wie er ihr zur Strafe immer so geblieben sei.

Daß ein Fisch von dieser seltsamen Gestalt ein ausgesprochenes Bodentier sein muß, ist so gut wie selbstverständlich. Man wundert sich daher auch gar nicht, bei diesen Fischen keine Schwimmblase vorzufinden und die dem Boden zugekehrte Seite immer weißlich farblos zu sehen, im Gegensatz zu der oft recht lebhaft gefärbten Oberseite. Diese allerdings ist sehr geneigt und befähigt, ihre Färbung zu wechseln und der des Untergrundes anzupassen. Die Fähigkeit des Farbwechsels ist ja bei den Fischen vielfach sehr gut ausgebildet, und unter ihnen sind die Plattfische, wie Experimente gezeigt haben, ganz besonders talentiert. Auf einfarbig grauen oder gelblichen Sand gebracht, nehmen die Tiere binnen kurzer Zeit diese Färbung an. Mischt man aber hellen und dunklen feinen Sand, so paßt sich der Fisch auch dieser Unterlage ohne Mühe an und erscheint schwarz und hell getüpfelt, sozusagen pfeffer- und salzfarbig. Mischt man gröbere helle und dunkle Steine, so ahmt er auch dies nach. Ja, man hat es soweit getrieben, Plattfische in ein Aquarium mit einem Schachbrett als Boden zu bringen, und siehe da, die

Fische ließen sich auch dadurch nicht verblüffen, sondern ahmten auch diese Zeichnung recht hübsch und ziemlich exakt nach.

Diese Fertigkeit der Farbenanpassung ist, wie sich leicht zeigen läßt, von der Funktion des Auges abhängig. Ein vorübergehend durch ein undurchsichtiges Pflaster geblendeter Fisch hat diese Fähigkeit nicht. Es wird also ganz offenbar der vermittelst des Auges aufgenommene Reiz auf dem Wege über das Gehirn und von ihm ausgehende Nervenbahnen auf die Farbzellen der Haut übertragen, und je nach dem von der Zentrale ausgehenden Kommando ziehen sich z. B. die schwarzen Farbzellen zu unsichtbaren Pünktchen zusammen oder breiten sich derart aus, daß sie ganze Partien der Haut dunkel färben. Daß die Farblosigkeit der dem Boden zugewandten Körperseite eine unmittelbare Folge der Abkehr vom Licht ist, haben gleichfalls Versuche bewiesen. Zieht man junge Schollen auf einen von unten durchleuchteten Glasboden, so entwickeln sich hier Farbstoffzellen, ähnlich wie auf der Oberseite.

Die meisten Plattfische begnügen sich übrigens nicht mit dieser so weit getriebenen Schutzfärbung, sondern man kann im Aquarium sehr gut beobachten, daß sie sich auch noch mit Sand oder Schlamm zudecken, um so gut wie ganz unsichtbar zu werden. Innerhalb weniger Sekunden ist das ganze Tier spurlos verschwunden, und nur die Augen schauen, oft smaragdgrün funkelnd, noch heraus. Auf diese Weise ausgezeichnet gegen Entdeckung durch ihre Feinde geschützt, lauern die Fische auf alles Getier, das sie bewältigen können, um plötzlich zuzuschnappen. Am Abend verlassen sie das schützende Versteck, um sich als recht gewandte Schwimmer zu erweisen, die sich mit wellenförmigen Bewegungen der Flossen und des ganzen Körpers rasch und elegant fortbewegen. Die großen Arten mit ihrem kräftigen Gebiß sind gefährliche und kühne Räuber des Meeresgrundes. Ein von einem stärkeren Feinde verfolgter Plattfisch schießt blitzschnell dem Boden zu und ist im nächsten Augenblick verschwunden.

Der Schutz, den die Gruppe ihrer eigenartigen Lebensweise

verdankt, hat es wohl bewirkt, daß die Plattfische, trotz ihrer im Vergleich zu manchen anderen Fischen nicht übermäßig großen Fruchtbarkeit, überall häufig sind. Ob sie das angesichts der in der letzten Zeit sich rapide entwickelnden Technik der Grundfischerei noch lange bleiben werden, ist allerdings eine Frage für sich. Da und dort hat man sogar schon Versuche mit der künstlichen Zucht einiger Arten gemacht, bisher freilich noch nicht in großem Maßstabe.

Die Eier der Plattfische, die, wie bei den meisten anderen Fischen, einfach ins Wasser entleert und hier von den Samenfäden befruchtet werden, sind glasklare Kügelchen, die in ihrem Innern Öltropfen enthalten und deshalb im schweren Salzwasser nahe der Oberfläche treiben, in der Nähe der Laichplätze zu vielen Millionen. Aus ihnen schlüpft ein winziges, gleichfalls ganz durchsichtiges Fischchen aus, das seinen Eltern so wenig ähnlich sieht, daß man es ohne Bedenken als Larve bezeichnen muß. Das Tierchen hat die normale langgestreckte Fischgestalt, ist keineswegs plattgedrückt, sondern schlank gebaut und vollkommen symmetrisch. Es trägt seine Augen, wie jeder andere Fisch, ordnungsmäßig rechts und links am Kopfe. Mit einer kleinen, silbern glänzenden Schwimmblase ausgerüstet, treibt es sich in den oberen Wasserschichten umher, ein gewandter Schwimmer, der den Bauch nach unten und den Rücken nach oben kehrt, wie es sich geziemt.

In diesem Zustande führen die Larven recht ausgedehnte Wanderungen aus. Man hat früher allgemein angenommen, daß die Laichplätze der Plattfische sich in der Nähe der Küste befinden müßten, solange man ihre Eier nicht von denen mancher anderer Fische unterscheiden konnte und die Larven eben in Küstennähe fand. Heute weiß man, daß die Laichplätze in ziemlicher Tiefe liegen und daß die Larven nach dem Ausschlüpfen in das seichte Wasser wandern, um hier ihre Verwandlung durchzumachen, und daß dann die ausgebildeten Fische von Jahr zu Jahr in immer tiefere Regionen zurückwandern.

Die Verwandlung der symmetrischen Larve in den Plattfisch ist nun im höchsten Grade interessant und sonderbar.

Zunächst beginnt die Höhe des Fischchens zuzunehmen; es legt sich beim Schwimmen mehr und mehr auf die eine Seite, beginnt sich auf den Boden zu legen oder an die Wand des Aquariums anzuheften, und verliert gleichzeitig allmählich seine Durchsichtigkeit, das Fischchen wird mehr und mehr zum typischen Bodentier unter Verkümmerung der Schwimmblase. Ganz zu Beginn dieser Veränderungen hat aber schon die auffälligste von allen eingesetzt: die Wanderung des Auges. Bei Arten, die auf der linken Seite zu liegen pflegen, setzt sich das linke Auge in Bewegung und wandert

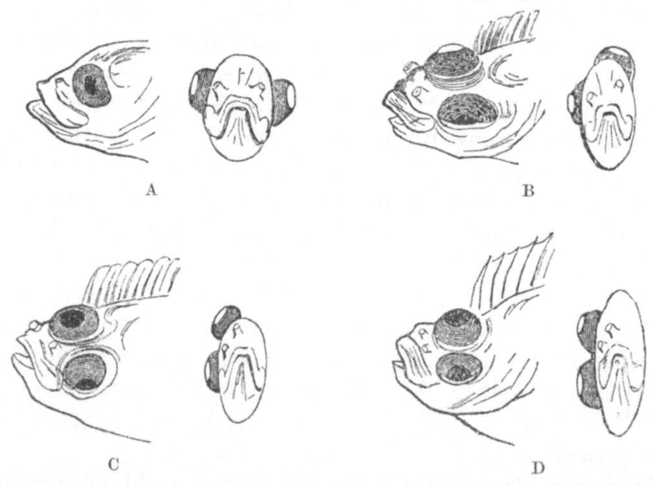

Abb. 6. Augenwanderung bei der Scholle, 4 Stadien A—D; jedesmal ist der Kopf von der linken Seite und von vorne gesehen. (Nach Leunis.)

zum Scheitel hinauf, wobei es die noch knorpelig weichen Skeletteile des Schädels vor sich herdrängt bzw. mit sich zieht. Der ganze vordere Teil des Schädels wird auf diese Weise verdreht, und zwar bei den verschiedenen Arten in verschiedenem Grade. Wir kennen einzelne Arten, bei denen die Augenwanderung haltmacht, wenn etwa die Scheitelhöhe erreicht ist, während bei den meisten die Verschiebung weitergeht, bis beide Augen mehr oder weniger dicht nebeneinander liegen und somit beide nach oben blicken, wenn der Fisch auf der Seite liegt.

Die meisten Plattfische sind ganz besonders feine und beliebte Speisefische; vielfach waren sie schon im Altertum hochgeschätzt. Eine der geschätztesten Arten ist der große Steinbutt, der Turbot der Engländer. Für gewöhnlich gilt schon ein Stück von Meterlänge und 35 kg Gewicht als sehr groß; jedoch kommen offenbar gelegentlich ganz alte Herren von riesigen Ausmaßen vor. So berichtet Rondelet, ein berühmter Fischgelehrter des 16. Jahrhunderts, der im allgemeinen als sehr zuverlässig gelten kann, daß er selbst einen Steinbutt von 3 m Länge, 2 m Breite und fast 1 m Dicke gesehen habe. Ein solches Ungeheuer, mit seiner absonderlichen Form, seinem verdrehten Gesicht und dem riesigen, schief stehenden Maul, muß wirklich einen furchterregenden Anblick bieten. Übrigens gehört der Turbot nebst seinen nächsten Verwandten zu jenen Plattfischen, die auf der rechten Seite liegen, bei denen also das rechte Auge nach links wandert, während die Mehrzahl der Arten „rechtsäugig" ist. Nur bei ganz wenigen Arten gibt es rechtsäugige und linksäugige Exemplare.

Noch gewaltiger als der Steinbutt ist der gleichfalls sehr geschätzte Heilbutt, bei dem Stücke von 1,5—2 m Länge und 100—200 kg auch heute noch, trotz starker Verfolgung des Fisches, vorkommen. So wurde 1928 von einem Islanddampfer ein Heilbutt von 203,5 kg in Grimsby gelandet, der allerdings Aufsehen erregte. Im allgemeinen gelten Exemplare von 30—40 kg als normal, solche von doppeltem Gewicht schon als sehr groß. Dieser Fisch ist vor allem ein Bewohner des Eismeeres, kommt aber nicht selten bis an die Küsten Englands, Frankreichs und Deutschlands, wo er sich meist in Tiefen von 100—200 m aufhält. In der Nordsee ist er nicht selten, wird bei Schottland regelmäßig gefangen und auch bei Helgoland gelegentlich in geringer Tiefe harpuniert. Auch an den amerikanischen Küsten ist der Heilbutt eine häufige Erscheinung und ein Objekt eines recht wichtigen Fanges. Begreiflicherweise wird bei der stets wachsenden Intensität der Fischerei auf dieses delikate und hochbezahlte Tier das Durchschnittsgewicht allmählich geringer und die wirklich großen Exemplare immer seltener.

Viel häufiger sind die kleineren Plattfische, am häufigsten in den nordeuropäischen Meeren die Scholle, die bis zu 0,5 m lang und bis zu 7 kg schwer werden kann. Doch sind die Fischer schon mit Stücken von 1,5—2 kg ganz außerordentlich zufrieden. Dieser hochgeschätzte Speisefisch bildet das Objekt eines sehr beträchtlichen Fanges, der z. B. im Jahre 1929 für die gesamte deutsche Fischereiflotte 3 Millionen Kilo im Werte von 1,3 Millionen Mark betrug. Noch viel erheblicher ist der britische Fang. Man kann die Scholle auch heute noch zu den billigeren unter den edlen Speisefischen zählen, wenn auch die Zeiten, in denen auf dem Londoner Markt ein Dutzend dreipfündiger Schollen vergeblich zu einem Penny angeboten wurde, gewiß für immer vorüber sind. Am ehesten treffen noch für diesen Fisch die oben angedeuteten Befürchtungen schon heute zu: infolge der rapiden Entwicklung der Fischerei mit Grundschleppnetzen und Dampfkraft werden gewisse Partien der Nordsee vielleicht in übermäßiger Weise ausgebeutet, so daß selbst manche Fischer schon die Erklärung einzelner Bänke als Schongebiete befürworten. Die erwähnte Fischerei kann nur rentabel betrieben werden, wenn man das den Grund des Meeres pflügende Schleppnetz mehrere Stunden arbeiten läßt, bevor man die Beute an Bord bringt. Während so langer Zeit aber zwischen den ins Netz geratenen Mengen lebloser Gegenstände, Fischen und anderen Tieren eingepfercht, gehen die jungen, noch nicht marktfähigen Schollen schon vor dem Aufholen zugrunde oder werden doch so arg geschädigt, daß ihr Zurückversetzen ins Wasser keinen Sinn mehr hätte. So bleibt also nichts anderes übrig, als diese oft in ungeheuren Massen gefangenen Jungfische zu verwerten, so gut es geht.

Es gibt immerhin zu denken, wenn ein deutscher Fischdampferkapitän berichtet, daß er und viele seiner Kollegen oft gezwungen waren, ganze Ladungen von Jungschollen zum Preise von 1 Gulden für 50 kg an die holländischen Fischmehlfabriken abzugeben; daß von einer Gruppe von 25 Dampfern jeder alle vier oder fünf Tage eine solche Ladung, manchmal 20—25000 kg, lieferte und daß ungeheure Mengen dieses Materials von den Fabriken gar nicht mehr aufgenommen werden konnten, so daß sie teils am Lande verfaulten, teils ins Meer geworfen werden mußten und weite Strecken des Grundes verpesteten. Kein Wunder, wenn sich an manchen früher guten Fangplätzen der Schollenfang im folgenden Jahre nicht mehr gelohnt hat.

Nun ist damit freilich noch lange nicht gesagt, daß wirklich die Überfischung der Nordsee schon eingetreten sei oder in nächster Zeit drohe. Man darf nicht vergessen, daß eine Zunahme des Prozentsatzes an kleinen Fischen in den Fängen eines Jahres oder selbst einiger aufeinanderfolgender Jahre noch nicht beweist, daß die größeren Fische zu stark dezimiert worden seien, sondern daß sie sich vielleicht auch durch das besonders gute Gedeihen eines bestimmten jungen Jahrganges erklären lassen, wie wir dies beim Hering gesehen haben. Man darf ferner nicht vergessen, daß es in der Nordsee Gebiete gibt, in denen die Beschaffenheit des Meeresgrundes die Anwendung der Grundschleppnetze nicht erlaubt. Das sind sozusagen natürliche Schongebiete, von denen aus immer wieder eine Neubesiedlung etwa zu stark befischter Bänke erfolgen kann. Dies um so mehr, als ja die Fischdampfer ganz von selbst, auch ohne behördliche Vorschrift, Gegenden vermeiden werden, in denen die Arbeit infolge zeitweiliger Überfischung unrentabel geworden ist. Eine solche Bank wird also praktisch für einige Zeit zum Schongebiet werden und Zeit haben, ihren Bestand wieder zu ergänzen. Erst wenn nachgewiesen werden sollte, daß die jährliche Entnahme auf dem Gesamtgebiete größer geworden ist als der jährliche Gesamtzuwachs, wird Grund zur Besorgnis gegeben sein. Vorläufig ist die Mehrzahl der maßgebenden Gelehrten der Ansicht, daß der Fischbestand der Nordsee bisher nicht merklich gelitten habe.

Um welche Zahlen es sich bei der Lösung solcher Fragen handelt, möge die folgende, 1912 von dem großen Kieler Physiologen Hensen aufgestellte Berechnung dartun: Auf dem etwa 16 Quadratmeilen großen befischten Gebiete bei Eckernförde in der Kieler Bucht waren in der Hauptlaichzeit auf je 1 m^2 Oberfläche an Eiern von Plattfischen und Dorschen vorhanden: im Januar im Mittel 30, Februar 45, März 60, April 50 Stück. Da man mit einer durchschnittlichen Entwicklungsdauer der Eier von einem halben Monat rechnen kann, muß die Summe aus diesen vier Monaten verdoppelt werden, um die Gesamtzahl der während der ganzen Zeit pro m^2 abgelegten Eier zu erhalten; das ist $2 \times 185 = 370$ Eier. Nach dem 9jährigen Durchschnitt der Fänge hat er weiter berechnet, daß die jährlich hier gefangenen laichreifen Plattfische und Dorsche noch insgesamt 97 385 000 Eier hätten ablegen können, d. i. auf den m^2 weitere 110 Eier. Es wurde damals also etwas weniger als ein Viertel des Bestandes an laichreifen Fischen weggefangen. Freilich ist die Berechnung natürlich recht roh und enthält zahlreiche Fehlerquellen. Wir haben gar keine Vorstellung davon, ein wie hoher Prozentsatz all der abgelegten Eier sich bis zur Larve und wie viele von diesen wieder sich bis zum laichreifen Fisch entwickeln mögen. Aber der allgemeine Eindruck aus diesen Ziffern dürfte wohl der sein, daß die Verminderung des Bestandes durch das Wegfangen großer Fische sich durchaus in erträglichen Grenzen hält.

Immerhin bestehen bezüglich des Bestandes der Ostsee an Schollen und Flundern größere Besorgnisse als bei der Nordsee, wie aus einer vor wenigen Jahren zwischen den interessierten Staaten abgeschlossenen Konvention hervorgeht, die Schonzeiten und Mindestmaße für diese Fische festsetzt. Tatsächlich sind in der Ostsee die Verhältnisse auch wesentlich ungünstiger. Vielleicht zeigt sich gerade an der Scholle am deutlichsten die allgemeine Erscheinung, daß hier die Fische ganz bedeutend kleiner bleiben bzw. langsamer wachsen als im freien Ozean. Aus Markierungsversuchen wissen wir, daß Schollen, die in der Ostsee beheimatet sind, sie nicht verlassen, sondern eine eigene, von den Nordseeschollen völlig abgeschlossene Rasse bilden. Vergleichende Altersbestimmungen haben nun gezeigt, daß eine Nordseescholle schon mit 6 Jahren eine Größe besitzt, die eine Ostseescholle erst mit 17 Jahren erreicht. Die Ursache hierfür liegt in den recht ungünstigen Bedingungen, namentlich hinsichtlich des Salzgehaltes und des Sauerstoffgehaltes des Tiefenwassers, denen die Fische in der Ostsee ausgesetzt sind. Wir haben schon bei der Besprechung des Herings den in die Ostsee eintretenden Strom schweren salzreichen Bankwassers kennengelernt, der periodisch die tiefen Becken der Ostsee füllt. Dieses Wasser ist auf seinem Wege durch Skagerrak, Kattegatt und Oeresund und weiter etwa bis zum Bornholmtief, einem der Überwinterungsplätze der Schollen, monatelang von jeder Berührung mit der Luft abgeschnitten; sein Sauerstoffvorrat wird durch die Atmung der Tiere, durch Zersetzungsvorgänge usw. stark verbraucht und beträgt hier kaum die Hälfte des normalen Maßes.

Interessant ist es übrigens, daß einzelne Plattfischarten, wie z. B. die Flunder, die ja auch jeder Binnenländer wenigstens in geräuchertem Zustande kennt, sich auch in jenen Teilen der Ostsee finden, die wegen ihres geringen Salzgehaltes von vielen anderen Meeresfischen gemieden werden. Die Flunder führt unter allen ihren Verwandten die größten Wanderungen aus, die sie sogar bis hoch in die Flüsse hinaufbringen. Es sieht fast so aus, als sei dieser Fisch eine Art, die im Begriffe steht, sich aus einem Meeresfisch in einen Süßwasserfisch umzuwandeln. In der Nordsee findet man sie in kaum größerer Tiefe als 40 m, also in einem verhältnismäßig schmalen Streifen längs der Küste, wo vielfach noch der Einfluß der Süßwasserzuflüsse sich bemerkbar macht, und in der Ostsee, wo der gesamte Flunderfang jährlich etwa 9 Millionen Kilo im Werte von zirka 1,5 Millionen Mark ausmacht, nimmt ihre Häufigkeit in dem gleichen Maße zu, in dem die der Scholle abnimmt, nämlich parallel der Abnahme des Salzgehaltes, also von Westen nach Osten fortschreitend. Im Bottnischen und im Finnischen Meerbusen ist die Flunder der einzige Plattfisch, der sich bei dem geringen Salzgehalt des Wassers noch halten kann.

Die Laichplätze liegen freilich stets in dem salzreichsten Meeresteil, den die Fische erreichen können, die der deutschen und holländischen Nordseeflundern in der „Tiefen Rinne" an der Westküste Norwegens; die Ostseeflundern sind darin viel weniger anspruchsvoll, ihre Laichplätze liegen der Küste näher als die aller anderen; sogar im Finnischen

Meerbusen befinden sich Laichplätze. Die Jungfische wandern der Küste zu ins Brackwasser und mit zunehmendem Alter vielfach ins reine Süßwasser der Flüsse. Im Unterlauf der Elbe, der Weser, des Rheins ist der „Butt", wie die norddeutschen Fischer ihn nennen, ein sehr gewöhnlicher und viel gefangener Fisch, und auch im Mittel-, ja sogar im Oberlaufe ist oder war er zu finden. In der Elbe ist er noch bei Magdeburg, in der Fulda bei Kassel zu finden, im Rhein wurden vor Jahrhunderten noch bei Worms bedeutende Fänge gemacht.

Bevor die moderne Entwicklung der Industrie viele Gewässer durch die Verunreinigung des Wassers für die Fische mehr oder weniger unbewohnbar gemacht hat, ist die Flunder im Neckar, im Main, in der Moldau gefangen worden, auch häufig in der Themse oberhalb London. Vom Schwarzen Meere steigt sie auch in die Donau auf. Zum Laichen allerdings wandern die Fische alle ins Meer ab.

Die meisten Arten der großen Plattfischfamilie bewohnen die wärmeren Meere, so daß man annehmen kann, daß die noch in ihren Anfängen stehende intensive Befischung der tropischen und subtropischen Meere der Menschheit noch erhebliche Mengen dieses ausgezeichneten Nahrungsmittels verschaffen werde.

Die Haie und Rochen.

Die urälteste Gruppe von Fischen, die schon in sehr frühen Erdperioden auftritt, umfaßt Tiere von einem in mancher Hinsicht sehr primitivem Bau, mit einem noch nicht knochigen, sondern nur knorpeligen Skelett, einer sehr eigenartigen Körperbedeckung, nämlich Schuppen, die nahezu identisch mit den Zähnen sind, und sonst noch vielerlei Abweichungen vom Bau der höheren Fische, der Knochenfische. Besonders auffallend ist das weit auf die Unterseite des Kopfes verschobene Maul mit dem furchtbaren Gebiß.

Die beiden Ordnungen der Haie und der seltsamen, von oben nach unten flach gedrückten Rochen enthalten einige riesige Formen, von denen die ersteren zu den gefürchtetsten Feinden des Menschen gehören. Aus früheren Zeiten hört man nicht viel von einer Verfolgung dieser Tiere des Nutzens wegen; dagegen sind sie von jeher vom Seemann und besonders vom Fischer gehaßt und bekriegt worden, die kleineren Arten hauptsächlich wegen des Schadens, den sie der Fischerei zufügen, die großen, insbesondere die Menschenhaie, aus naheliegenden Gründen.

Von den kleineren, bis meterlangen Katzenhaien der europäischen Küsten, die die Heringsschwärme verfolgen, die Kabeljaus und andere Nutzfische von den Angeln abreißen, bis zu dem 3 m langen Heringshai, der sich in den Netzen verfängt und sie zerreißt, sind zahlreiche Arten aller Meere bekannt und werden von jeher, vielfach ohne die Absicht des Fischers, gefangen. Früher wurden diese Fische fast ausschließlich von den Ärmsten unter den Küstenbewohnern gegessen, von anderen Leuten nur, wenn sie ihnen unter einem falschen Namen, abgezogen und sonst unkenntlich gemacht, geboten wurden. So ist der Heringshai, der sehr gut schmecken soll, gewöhnlich stückweise als „Seestör", auch als Thunfisch verkauft worden, der kleinere, schlankere Dornhai gewöhnlich als „Seeaal". Heute dagegen werden in immer steigendem Maße diese Haie, auch einige ganz große Arten, auch unmaskiert dem Genusse zugeführt und finden Anwert. So z. B. der Riesenhai, ein gewaltiges Tier, das bis zu 12 m lang und einige tausend Kilo schwer wird, ein Bewohner fast aller Meere, der von den Konsumenten heute schon recht hochgeschätzt wird, und der nicht viel kleinere Eishai des hohen Nordens, der als Räucherware neuerdings geschätzt wird. Interessant ist, daß der Riesenhai, ebenso wie einige seiner nächsten Verwandten, sich auf friedliche Weise von kleinen Planktontieren ernährt und an seinen Kiemen eine Art von dichtem Filter zur Zurückhaltung dieser winzigen Nahrungsteile ausgebildet hat, das lebhaft an die zu gleichem Ziele dienenden Barten der großen Wale erinnert.

Der Eishai, ein bis zu 8 m langes, gefräßiges Ungeheuer, das Fische und Robben vertilgt und selbst große Wale angreift und ihnen das Fleisch vom Leibe reißt, wird im hohen Norden, an den norwegischen, spitzbergischen, grönländischen Küsten massenhaft gefangen, besonders unter dem Eise mit Angeln, die durch ins Eis gehackte Löcher versenkt werden. Die wichtigste Rolle spielt bei diesen großen Arten die sehr tranreiche Leber.

An den amerikanischen Küsten tritt manchmal der kleine, bis zu 10 kg schwere Dornhai in sehr großen Mengen auf und wird zu Guano, die Leber zu Tran verarbeitet; die dotterreichen Eier werden, ähnlich wie auch Hühnereidotter, mit Öl fein verrührt und als Gerbemittel für Handschuhleder gebraucht. In manchen Jahren werden Millionen Kilo dieses Fisches verarbeitet. Daß manche Haifischflossen in Ostasien eine sehr beliebte Delikatesse darstellen, ist ja bekannt; in Europa werden sie, wie auch andere Skeletteile, als Material zur Gewinnung eines besonders geschätzten Leims verwendet.

Einzelne Rochen sind von jeher gegessen worden; so werden manche Arten in England und in Italien viel verbraucht, anderwärts wieder ganz verschmäht. Der Gesamtfang an Rochen aus den nordeuropäischen Meeren betrug im Jahre 1922 z. B. 48 Millionen Kilo im Werte von 26,8 Millionen Mark, an Haien 5,4 Millionen Kilo im Werte von 1,3 Millionen Mark. Bei der Verwertung dieser Fänge spielt auch die Haut eine wesentliche Rolle. Bei manchen Arten, bei denen die Hautzähnchen spitz und scharf sind, war die Haut (Chagrinleder) früher ein wichtiges Schleif- und Poliermittel, das aber heute mehr und mehr durch allerhand künstliche Erzeugnisse verdrängt wird. Dagegen nimmt heute die Verwendung der gegerbten Haut vieler Arten, namentlich solcher, die, wie ein Pflaster, dicht stehende, abgerundete Zähne haben (Perlhaut), zu Ledergalanteriewaren, wie Damentaschen usw., einen immer breiteren Raum ein; die verschiedene Bearbeitung der Haut, bei der z. B. die Zähne bis auf die Basis abgeschliffen werden können, so daß ein hübsches Mosaik entsteht, oder bei der die Zahnschuppen auf chemischem Wege entfernt werden können, läßt den wechselnden Launen der Mode weiten Spielraum. Besonders die Perlhaut, aber auch andere Sorten von Hai- und Rochenhaut, sind übrigens von alters her zu allerhand Geräten verwendet worden, so in Asien vielfach zu Schwertgriffen u. dgl.

Erwähnt sei wenigstens, daß auch die gegerbte Haut mancher Knochenfische ein gutes Leder gibt, so z. B. die aus Norwegen vielfach eingeführte Haut des Seewolfes, deren Brauchbarkeit für Bücherrücken ich selbst erprobt habe. Dieser große, mit einem fürchterlichen Gebiß ausgestattete Fisch, vor dem sich die Fischer beim Fang sehr in acht nehmen müssen, ist auch als Speisefisch hochgeschätzt und gut bezahlt.

Der Aal.

Wir haben schon von einigen Fischarten gehört, die der Wissenschaft allerhand bisher mehr oder weniger — meistens weniger — vollkommen gelöste Rätsel aufgegeben haben. Aber der rätselhafteste und sonderbarste unter allen ist von jeher der Aal gewesen, also ein Fisch, der beinahe in ganz Europa sehr verbreitet und häufig ist, in den meisten Ländern viel gefangen und gerne gegessen wird, und demnach groß und klein gut bekannt zu sein schien.

Und trotzdem ist kaum über einen anderen Fisch eine solche Menge von unrichtigen Anschauungen und selbst von kindischen Märchen verbreitet gewesen oder noch verbreitet, und kaum einer hat den Gegenstand so intensiver Forschungen von seiten zahlreicher bedeutender Gelehrter gebildet und zu so lebhaften Meinungsverschiedenheiten, ja selbst erbitterten Streitigkeiten Anlaß gegeben.

Schon in ihrer äußeren Erscheinung weichen der Flußaal und seine nächsten Verwandten, wie der Meeraal und die berühmte Muräne, stark von dem typischen Bilde des Fisches ab. In Gegenden, in denen der Aal wenig bekannt ist, wie z. B. an der Donau, kann man es gar nicht selten erleben, daß der Fisch von einfacheren Leuten für eine Schlange gehalten wird und daß sie die Zumutung, so etwas zu essen, mit Abscheu von sich weisen. Tatsächlich hat ja ganz gewiß der Aal in Form und Bewegung viel Ähnlichkeit mit einer Schlange, und obwohl er sicherlich mit wirklichen Schlangen nicht mehr Verwandtschaft besitzen kann als irgendein anderer Fisch, will es doch ein höchst sonderbares Zusammentreffen, daß sein Blut einen Giftstoff enthält, der vieles Gemeinsame mit den typischen Schlangengiften aufweist.

Zu all diesen Seltsamkeiten kommt nun noch das für viele Jahrhunderte undurchdringliche Geheimnis, das die Fortpflanzungsgeschichte des Aals umhüllt hat und das auch heute noch nicht vollständig aufgeklärt ist. Auch heute hat noch kein Mensch ein laichreifes Aalweibchen oder ein reifes Ei gesehen, und die Fälle der bekanntgewordenen reifen oder nahezu reifen Männchen kann man an den Fingern einer Hand herzählen. Von diesen Ausnahmen abgesehen, zeigen alle Aale so wenig entwickelte Geschlechtsorgane, daß man männliche und weibliche Drüsen nur sehr schwer und mit Hilfe mikroskopischer Untersuchung unterscheiden kann.

Aus Laienkreisen, ganz besonders von seiten der Berufs- und der Amateurfischer, wird freilich das Rätsel gewöhnlich sehr rasch und einfach gelöst. Es vergeht kein Jahr, in dem nicht soundso oft einem Laboratorium ein Aal mit reifen Eiern oder mit lebendigen Jungen im Leibe eingeliefert wird. Die Eier sind aber ganz regelmäßig die Eier anderer Fische, die unser Aal, als ein geborener Feinschmecker, mit großer Vorliebe aufsucht und verzehrt, und die bei unvorsichtigem Aufschneiden aus dem verletzten Magen in die Leibeshöhle geraten, und die lebenden Jungen sind in Wirklichkeit kleine Spulwürmer, die im Darm und in der Leibeshöhle schmarotzen. Auf diese beiden Erscheinungen lassen sich alle die vielen Nachrichten von der Entdeckung der Fortpflanzung des Aals im Süßwasser immer wieder zurückführen.

Wir wollen nun versuchen, den Lebenslauf des Flußaales, soweit wir ihn bisher kennen, so darzustellen, daß wir dabei gleichzeitig die Geschichte der verschiedenen Entdeckungen in der annähernd richtigen Reihenfolge geben. Von alters her ist unser Flußaal bekannt als ein Bewohner des Süßwassers, der Flüsse, Bäche und Seen in fast ganz Europa, in Kleinasien, Nord- und Nordwestafrika, auf den Inseln im nordöstlichen Teile des Atlantischen Ozeans, von Island bis zu den Azoren und den Kanarischen Inseln, im früheren Rußland nur im Gebiete der in die Ostsee einmündenden Flüsse. Im Donaugebiete und in den übrigen Zuflüssen des Schwarzen Meeres fehlt er so gut wie ganz.

In diesem riesigen Verbreitungsgebiete bevölkert der Aal, vielfach in sehr großen Mengen, kleine und große Gewässer, lebt als ein ziemlich verborgener, das Dunkel und die Nacht liebender Fleischfresser teils von den kleineren wirbellosen Tieren, teils als echter Raubfisch von allen Fischen, die er bewältigen kann, und wird, mit Ausnahme seiner tief im Schlamme verbrachten Winterruhe, das ganze Jahr hindurch an Angeln, in Reusen und auf alle mögliche Weise gefangen. Der bedeutendste und interessanteste Fang aber findet in allen seinen Wohngebieten im Herbst statt, in dunklen, stürmischen Nächten im Oktober und November, im nördlichen Europa schon früher im Jahr. Zu dieser Zeit setzen sich die ausgewachsenen Aale massenhaft in Bewegung und wandern flußabwärts, kommen aus den Seen und Nebenflüssen im Hauptstrome zusammen und wandern in immer wachsendem Zuge unaufhaltsam dem Unterlaufe und schließlich dem Meere zu. Was dann auf diesem Zuge nicht abgefangen wird, verschwindet im Meere auf Nimmerwiedersehen. Das weiß man schon längst. Über das, was dann weiter geschieht, weiß man aber nicht allzuviel. Man weiß, daß die Aale, bevor sie diese ihre große Reise antreten, einige recht auffallende Veränderungen durchmachen. Ihre Färbung ändert sich, der bisher gelbliche Bauch wird leuchtend weiß, der dunkle Rücken nimmt metallischen Glanz an; auch die Form des Kopfes verändert sich, er wird spitzer. Und die Augen vergrößern sich ganz außerordentlich. Der „Gelbaal“ ist zum „Blankaal“ geworden, und das ist das sichere Zeichen, daß seine Abwanderung nahe bevorsteht.

Man hat die Wanderung der Blankaale im Meere so weit verfolgt, als es eben anging, und hat festgestellt, daß sie immer nach Westen ziehen, von der Ostsee durchs Kattegatt und Skagerrak in die Nordsee, von der Nordsee durch den

Kanal in den Atlantischen Ozean hinaus, und ebenso von allen anderen Küsten immer nach Westen, dem Ozean entgegen. Daß sie da draußen irgendwo laichen werden, war nicht schwer zu vermuten, und daß sie, wie so viele andere Tiere, auch manche Fische, nur einmal in ihrem Leben laichen und dann absterben, schloß und schließt man aus der Tatsache, daß eben nie ein solcher abgewanderter Aal wieder ins Süßwasser zurückgekehrt oder sonst wieder gesehen worden ist. Aber die Suche nach den Laichplätzen blieb lange Zeit ganz vergeblich. Daß diese Laichplätze in beträchtlicher Meerestiefe liegen müssen, dafür spricht die schon erwähnte Vergrößerung der Augen bei der Umwandlung des Gelbaals in den Blankaal. Denn wir wissen, daß viele Tiefseefische stark vergrößerte Augen besitzen. In der Finsternis, die unterhalb einer Tiefe von 400 m herrscht (für unsere Augen ist diese Finsternis schon in viel geringeren Tiefen so gut wie vollständig), scheiden sich die höheren Tiere, wie Fische, Tintenfische, Krebse, in zwei Gruppen: solche, deren Augen verkümmert oder ganz verschwunden sind, die das Sehvermögen durch bessere Ausbildung anderer Sinnesorgane, wie etwa der Tastorgane, ersetzt haben, und solche, die stark vergrößerte, manchmal monströs ausgebildete Augen besitzen, mit denen sie die geringen Lichtmengen der Tiefsee, vor allem oft das von ihnen selbst oder von ihren Gefährten durch Leuchtorgane ausgestrahlte Licht, noch ausnützen können. Wir können also mit Recht schließen, daß der Weg der Wanderaale in große Tiefen hinabführen muß.

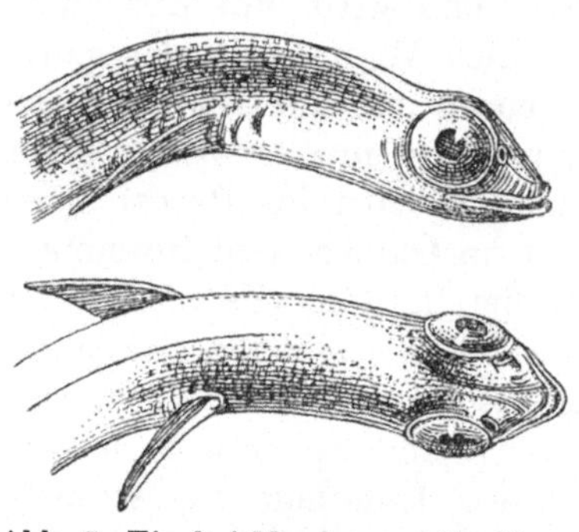

Abb. 7. Ein bei Messina an die Oberfläche gekommenes, nahezu laichreifes Aalmännchen mit riesigen Augen. (Nach Grassi.)

Schon längst bekannt ist aber wieder die Einwanderung der jungen Aale in die Flüsse ihres Wohngebietes. Sie kommen vom Atlantischen Ozean her, je weiter von ihm entfernt, um so später; in vielen Flüssen, namentlich Westeuropas, in ungeheuren Heerzügen. Und zwar erscheinen sie dort in einer recht auffallenden Gestalt: die kleinen, etwa fingerlangen Tierchen von der Dicke einer Stricknadel sind ganz und gar glashell durchsichtig. Sogar ihr Blut ist nicht rot, sondern farblos, und nur die Augen sind zwei schwarze Punkte.

Als solche „Glasaale" treten die jungen Älchen in die Flußmündungen der atlantischen Küsten ein und beginnen nun gleich mit einer Art verbissener Energie stromauf zu wandern — wenigstens ein großer Teil des Schwarmes — und lassen sich durch nichts, weder durch Wehre noch durch Wasserfälle oder dergleichen, aufhalten. Sie schlüpfen durch die engsten Ritzen und Spalten, klettern an halbwegs feuchten, nicht gerade spiegelglatten Felsen, Brettern, am Moos empor, arbeiten sich durch Kiesbänke und dergleichen hindurch. Sie überwinden Strömungen, Höhendifferenzen, Entfernungen mit der unbesieglichen Zähigkeit des Naturtriebes. So überwinden sie z. B. auch den Rheinfall von Schaffhausen.

So verbreiten sie sich über ein ganzes Flußgebiet, an der Mündung in riesigen Scharen, von denen in jedes Seitenwasser, ins kleinste Rinnsal, ein Zug abschwenkt, bis sie sich überall verteilt haben. Während dieser Zeit fangen die jungen Fischchen dann an, sich zu färben. Das Blut wird rot, in die Haut lagern sich die Farbstoffe, die „Pigmente", ein, so daß der Rücken erst grau, dann fast schwarz, der Bauch gelb wird; kurz, sie gewinnen allmählich das Aussehen normaler Aale in Miniaturformat. Auch auf dem letzten Teil der Meerwanderung beginnt schon diese Umwandlung der Glasaale in „Farbaale", wenn sie z. B. nicht an der Westküste Europas, sondern erst weiter im Osten in das Süßwasser einsteigen. Schon in die Elbemündung treten sie als „Grauaale", in die Zuflüsse der Ostsee schon ganz dunkel verfärbt ein.

Viel gewaltiger, wenn auch weniger auffallend als die Scharen der etwa die Elbe hinaufwandernden Grauaale — auch hier gibt es nach bisher noch nicht erforschten Ursachen gute und schlechte Jahre — sind oft die Züge der Glasaale, die in die irischen, englischen, französischen und spanisch-portugiesischen direkten Zuflüsse des Atlantischen Ozeans einwandern, und auch im Mittelmeer, an den südfranzösischen und italienischen Küsten, ist dieser Zug der Steigaale, die der Franzose Montée, der Italiener Montata nennt, geradezu unermeßlich. Ganz besonders in Südeuropa wird zur Zeit dieser Einwanderung ein enormer Fang dieser Jungfischchen betrieben, die als Delikatesse in den verschiedensten Formen, z. B. als Omelettefüllung, beliebt sind.

Übrigens hat man seit einiger Zeit in Frankreich begonnen, die ungeheure Vernichtung jungen Lebens, die mit dieser Feinschmeckerei verbunden ist, durch Vorschriften bedeutend einzuschränken, und an verschiedenen Orten der Küste in den aalreichen westlichen Ländern wird jetzt der Fang der Montée systematisch betrieben, um die Jungfischchen als Besatzmaterial an solche Gewässer abzugeben, in die der Segen von Natur aus minder reichlich strömt. Es hat sich nämlich gezeigt, daß die Einwanderung, je weiter man nach Osten kommt, um so schütterer wird. Namentlich in die Ostsee und ihre Zuflüsse kommen die Steigaale lange nicht in der unschätzbar großen Menge wie in die irischen und französischen Flüsse oder auch noch in die Elbe, und die östlich gelegenen Teile des Ostseegebiets sind schon relativ mager bedacht, so daß z. B. ein sehr großer Teil der deutschen Gewässer einen kräftigen Zusatz von Jungaalen, die aus den begünstigten Gegenden her transportiert werden, verlangen und erhalten, während z. B. die Unterelbe so stark von Aalen bevölkert ist, daß sie sich sogar in diesem berühmt nahrungsreichen Gewässer gegenseitig Konkurrenz machen und nicht so schnell wachsen wie anderwärts.

So werden jetzt die gewaltigen Überschüsse der westlichen Staaten an Montée systematisch ausgebeutet und verteilt; der Deutsche Fischerei-Verein hat z. B. am südenglischen Flusse Severn eine Aalfangstation eingerichtet, von der aus in den 14 Jahren von 1908 bis 1914 und von 1924 bis 1930 im ganzen rund 72 Millionen Stück Jungaale in die deutschen

Gewässer eingesetzt worden sind. Die berühmte Zählebigkeit des Aals und seine Fähigkeit, außerhalb des Wassers, in feuchtem Material, lange Zeit auszuhalten, ermöglicht diese Transporte in entsprechend eingerichteten Kisten auf sehr weite Entfernungen.

Ist der viel geringere Reichtum der baltischen Gewässer an Steigaalen ohne weiteres begreiflich, so ist doch eigentlich der Umstand merkwürdig genug, daß die Tiere sich beim Erreichen der Ostküste des Atlantischen Ozeans nicht allesamt in die ihnen zunächst erreichbaren Flußmündungen stürzen, sondern daß doch noch sehr große Mengen von ihnen erst die ganze Nordsee durchwandern, und Millionen auch noch die Ostsee, so daß doch, absolut genommen, noch gewaltige Mengen von Individuen die Reise bis nach Finnland und bis in den Bottnischen Meerbusen hinein ausführen und ebenso die ägyptischen, kleinasiatischen und syrischen Gewässer noch einen Zustrom von Montée erhalten, der freilich lange nicht so reich ist wie der der westlichen Mittelmeerländer. Ich kann mir diese doch eigentlich — dem Anscheine nach — ganz überflüssige enorme Reise großer Scharen von Aalbrut gar nicht anders erklären als durch die Annahme, daß jedes Älchen in den Fluß aufsteigt, aus dem seine Mutter einst ihre Laichwanderung angetreten hat. Wunderbar erscheint uns das Gedächtnis der Lachse, die nach einem mehrjährigen Leben im Meere den Fluß und den Nebenbach wiederfinden, in dem sie aus dem Ei gekrochen sind. Aber die Glasaale sind ja noch niemals in dem Fluß gewesen, dem sie mit solcher Zielsicherheit zustreben, sondern es muß sich um eine von den Eltern ererbte „Erinnerung" handeln. Wie wir uns diesen fabelhaften Instinkt vorzustellen haben, mag dahingestellt bleiben. Viel mehr als das eigentlich nichtssagende Wort Instinkt haben wir ja auch nicht, um die ungeheuren, ebenso zielsicheren Wanderungen der Zugvögel zu „erklären".

Die Wanderungen der jungen Aale im Süßwasser kommen übrigens durchaus nicht so bald zur Ruhe; das Streben flußaufwärts beherrscht viele von ihnen noch jahrelang, während eines großen Teiles ihres Süßwasserlebens. Den

Rheinfall von Schaffhausen streben noch Aale von 30 bis 40 cm Länge hinauf, Tiere, die schon vor 4—5 Jahren in die Flußmündung eingedrungen sind. Man kann fast sagen, daß während des ganzen Lebens als Gelbaal der Fisch zeitweise aufwärts wandert.

Dabei muß aber eine Einschränkung gemacht werden. Wir haben schon angedeutet, daß nicht alle Glasaale in die Flüsse hinaufziehen; ein Teil von ihnen bleibt an der Küste oder im Brackwasser, bestenfalls im Unterlaufe der Flüsse zurück. Das sind, wie sich gezeigt hat, die zukünftigen Männchen. Dieser Umstand ist für den Aalfischer von großer praktischer Bedeutung. Die Männchen nämlich bleiben sehr viel kleiner als die Weibchen; sie werden höchstens etwas weniger als einen halben Meter lang und nur ganz selten ein halbes Kilo schwer, meist viel weniger; die Weibchen dagegen können weit über einen Meter lang und 3 kg, gelegentlich bis zu 6 kg schwer werden. Sie leben meist auch einige Jahre länger im Flusse; Männchen werden nach 6—8, Weibchen nach 8—11 Jahren zu Blankaalen; diese Zeitdauer wechselt in den verschiedenen Gewässern, offenbar je nach den mehr oder weniger günstigen Ernährungs- und sonstigen Daseinsbedingungen. Im kalten und nahrungsarmen Zellersee im Salzkammergut lebt heute noch ein ansehnlicher Teil der vor 18 Jahren eingesetzten Exemplare als Gelbaale.

Früher galt es als feste Regel, daß die männlichen Jungaale gar nicht oder wenigstens nicht weit ins Süßwasser hinaufsteigen. Tatsächlich ist auch z. B. die vor Jahren für ein im Oberrhein gefangenes Aalmännchen ausgesetzte Prämie bis heute noch nicht verdient worden. Im Gegensatz dazu wurden aber in den letzten Jahren in spanischen und südfranzösischen Flüssen Männchen schon Hunderte von Kilometern von der Mündung entfernt ziemlich oft festgestellt. Die ganze Frage ist noch weiter sehr kompliziert worden durch höchst eigenartige Erfahrungen über die Geschlechtsbestimmung und Geschlechtsentwicklung bei manchen Fischen.

Bei den meisten Tieren ist die Frage, ob das Ei sich zu

einem männlichen oder weiblichen Individuum entwickeln werde, in dem Moment entschieden, in dem die Befruchtung erfolgt ist, und man hielt sich für berechtigt, dies auch für die Fische anzunehmen. Man glaubte also, daß die an der Küste ankommenden Glasälchen schon lauter festbestimmte Männchen oder Weibchen seien, auch wenn man es mit unseren heutigen Untersuchungsmethoden nicht sicher feststellen könne; ja, manche Forscher glaubten, durch sorgfältige Messung schon in diesem Stadium die etwas kleineren Männchen von den Weibchen absondern zu können. Seither hat man aber bei manchen Wirbeltieren gefunden, daß deutlich weibliche Geschlechtsdrüsen sich oft nachträglich in männliche unwandeln können und daß äußere Einflüsse noch nach der Befruchtung eine solche Umstimmung des Geschlechtes bewirken können. Auf die ungemein reichhaltige Literatur, die diese überaus komplizierten Fragen behandelt, kann hier nicht eingegangen werden; ihre Behandlung würde ein ganzes Bändchen für sich erfordern. Nur so viel sei angedeutet, daß z. B. bei Forellen manchmal noch bei nahezu fingerlangen Fischchen sich Eierstöcke in Hoden umwandeln können, daß sogar bei gewissen aus den Tropen stammenden Aquarienfischen die Umwandlung von völlig erwachsenen Weibchen, die sich schon mehrmals fortgepflanzt haben, in gut ausgebildete, befruchtungsfähige Männchen nachgewiesen worden ist, und daß umgekehrt bei Aalen von 20—33 cm Länge sich anscheinend männliche Organe zu weiblichen entwickeln können. Nahm man also früher an, daß die eine Hälfte der jungen Älchen am Meeresstrande oder in den Flußmündungen zurückbleibe, weil sie aus Männchen bestehe, die eben den Trieb zur Aufwärtswanderung nicht oder nur schwach ausgeprägt besitzen, so könnte man heute fast schon umgekehrt fragen: werden die Jungaale nicht vielleicht zu Weibchen, weil sie höher ins Süßwasser hinaufgewandert sind? Treten da nicht gewisse Bedingungen in Wirksamkeit, die die Geschlechtsentwicklung in die weibliche Richtung drängen? Und sind vielleicht eben diese Bedingungen in spanischen und südfranzösischen Flüssen weniger scharf ausgeprägt, so daß eben hier ein Teil der

Männchen sein Geschlecht beibehalten kann? Wir sehen hier wieder eines der vielen Rätsel, die uns der Aal noch immer aufzulösen gibt.

Kehren wir nun zu unseren im Flußgebiete verteilten Gelbaalen zurück. So viel konnte man also schon vor langer Zeit feststellen, daß die Aalbrut, die sich der Küste nähert, vom Süßwasser angelockt wird, und daß die erwachsenen Blankaale umgekehrt vom Salzwasser angezogen werden. In manchen Gegenden Europas hat man schon vor Jahrhunderten von diesem Wissen ausgiebigen praktischen Gebrauch gemacht. So ist z. B. in der alten Lagunenstadt Comacchio, südlich von Venedig, schon seit dem 14. Jahrhundert ein Zentrum der Aalaufzucht gewesen, und in guten Zeiten betrug die jährliche Ausbeute bis zu 1 Million Kilo. In einer 101jährigen Periode, über die 1898 eine Statistik vorlag, war die durchschnittliche jährliche Ausbeute 682 000 kg nebst einigen 100 000 kg an anderen Fischen als Nebenprodukt. Die viele Tausende von Hektaren großen Lagunenseen sind durch ein sinnreich erdachtes, kompliziertes System von Schleusen so mit dem Meere und mit Armen des Po verbunden, daß sie nach Belieben Zustrom von Salz- oder Süßwasser erhalten können.

Im Frühjahr, zur Zeit des Aufstieges der Aalbrut, wird ein Strom von Süßwasser durch die Lagunenseen ins Meer geleitet, der die Jungfischchen zum Aufsteigen anlockt. In den hierauf wieder geschlossenen Seen finden die Aale sehr reichlich Nahrung, zuerst an allen möglichen niederen Tieren, später hauptsächlich an gewissen kleinen Fischarten, die in ungeheuren Mengen in der Lagune gedeihen. Wenn die Aale eines Sees nach Ablauf der entsprechenden Anzahl von Jahren sich in Blankaale verwandeln, kann ihr Wandertrieb in die gewünschte Richtung, nämlich in die Fangvorrichtungen, geleitet werden, indem man Salzwasser aus dem Meere zutreten läßt. Diese in Comacchio zu hoher Vollkommenheit ausgebildeten Fangvorrichtungen bestehen in riesigen, komplizierten Reusen, die aus Wänden von Schilfrohr in die Kanäle eingebaut werden, die die abwandernden Aale passieren müssen.

In den Herbstnächten nun, in denen in Comacchio die Tausende und aber Tausende von Blankaalen von ihrem geheimnisvollen Wanderinstinkt dem Meere entgegengeführt werden, entwickelt sich hier ein wahrhaft großartiges Schauspiel. Der Andrang der Wanderaale wird oft so gewaltig und stürmisch, daß man im Kanal vor lauter sich schlängelnden Fischleibern kaum mehr Wasser sieht, und in der Endkammer, aus der fortwährend von den Arbeitern mit großen Handnetzen Bootsladungen von Aalen herausgeschöpft werden, stauen sie sich, die Arbeiter kommen nicht mehr nach, und man muß befürchten, daß die immer noch zuströmenden Fische schließlich die Kammern sprengen und sich so einen Ausgang zum Meere eröffnen könnten. Aber gegen diese Möglichkeit ist man gewappnet. Zu beiden Seiten des Kanals sind riesige Stöße von trockenem Schilfrohr und anderem leicht brennbaren Material aufgestapelt, und im richtigen Moment werden sie auf ein Zeichen in Brand gesetzt. Sobald die helle Flamme auflodert, stockt der Zug der Blankaale. Sie sind so lichtscheu, daß keiner von ihnen die beleuchtete Partie des Kanals durchschwimmt. Nun können die Arbeiter mit Muße die Kammern ausschöpfen, und erst wenn genügend Platz geschaffen ist, werden die Feuer gelöscht, und sofort strömen die Aale wieder den Kanal hinab, dem Meere zu, in die Falle.

Über das Süßwasserleben der Aale war man also in großen Zügen schon längst unterrichtet. Man wußte, daß sie als Glasaale vom Meere herkommen, man sah sie als Blankaale im Meere verschwinden. Man kam zu dem Schlusse, daß eine Reifung der Geschlechtsorgane erst nach längerem Aufenthalt im Meere, in einiger Entfernung von der Küste, eintreten könne. Man stellte sich vor, daß die Blankaale sich an tieferen schlammigen Stellen des Meeresgrundes versammeln, hier laichen und dann bald absterben, und daß die Jungfischchen, 10—12 Wochen alt, im Frühjahr an den Küsten erscheinen. Allmählich zeigte sich, namentlich bei der Verfolgung der Aalabwanderung aus der Ostsee, daß die Eier der Weibchen im Verlaufe dieser Reise ganz langsam und allmählich sich vergrößern, ohne aber die wirkliche Reife auch nur annähernd zu erreichen. Man konnte sie einfach nicht weit genug verfolgen, denn sie überschritten an der Westküste Europas den Kontinentalsockel, die 200-m-Grenze, und verschwanden in der Tiefe. Man hat infolgedessen mit besonderen Hoffnungen an jenen Stellen der europäischen Meere nach ihnen gesucht, wo die großen Tiefen bis nahe an das Festland herantreten, wie z. B. im Mittelmeer unweit der Straße von Messina. Hier war es aber auch, wo sich zuerst eine Möglichkeit ergab, dem Problem von einer ganz anderen Seite her näherzukommen. Schon länger kannte man ein höchst sonderbares, planktonisch lebendes Tier, das in sehr vielen Zügen seiner Organisation sich als ein Wirbeltier kundgab, aber doch wieder von allen bekannten Wirbeltieren sehr stark abwich: es besaß überhaupt keine Wirbelsäule, kein rotes Blut, es war, bis auf die schwarzen Augen, glashell durchsichtig, so wie die Glasaale, aber auch wie unzählbare andere planktonische Tiere. Daß es mit den Glasaalen in irgendeiner Verbindung stehen könnte, war gar nicht zu vermuten. Denn unser Tier, das in verschiedenen Arten der Gattung Leptocephalus bekannt war, sah einem Aal durchaus nicht ähnlich: nicht drehrund, sondern länglich und flachgedrückt, von der Form eines Oleander- oder Weidenblattes. Diese Leptocephalen erschienen gelegentlich in der Nähe der Straße von Messina, da, wo seltsame Wirbelströme Wasser aus großen Tiefen heraufbringen, wie dies schon Homer beschreibt: Hierher verlegt er die Charybdis, das Ungeheuer, das Wasserströme einschlürft und dann wieder emporstrudelt. Hier werden von jeher oft Tiefseeorganismen an die Oberfläche gebracht, und darunter auch nicht selten Leptocephalen.

Es ist interessant, zu beobachten, wie man allmählich der richtigen Deutung dieser seltsamen Tierchen immer näherkam. Erst die Vermutung, daß es sich vielleicht um Fischlarven handeln könne; dann, als eine Art Rätselraten, die Frage: Könnten die Leptocephalen vielleicht in den Entwicklungskreis der aalartigen Fische gehören? Vielleicht aus ihrem gewöhnlichen Wohngebiet herausgerissene und dadurch veränderte, krankhaft entwickelte Exemplare? Dann, 1886, beobachtete der französische Forscher Delage einige

Etappen der Umwandlung eines Leptocephalus (L. morrisii) in den Glasaal einer unserem Aal nahe verwandten Art, des Meeraals, der nicht ins Süßwasser aufsteigt, sondern sein ganzes Leben im Meere, nicht ferne den Küsten, verbringt. Und dann kam der große Tag, an dem 1895 der berühmte

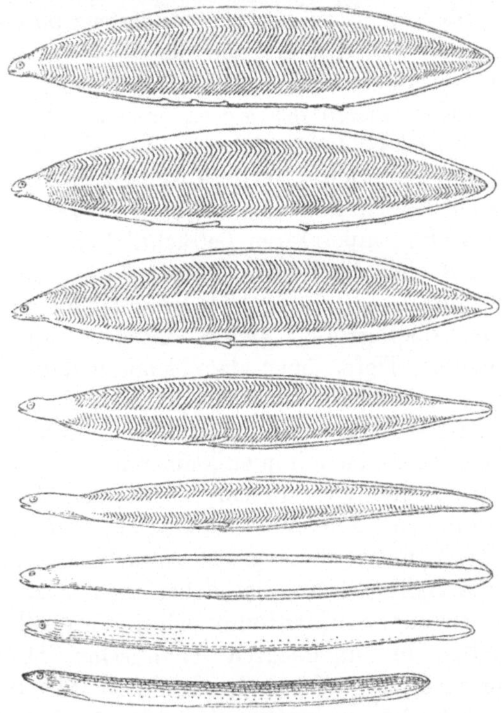

Abb. 8. Acht Stadien der Verwandlung der Larve in den Glasaal. (Nach Schmidt.)

italienische Zoologe B. Grassi, der gefeierte Malariaforscher, zusammen mit seinem Schüler Calandruccio die Umwandlung des L. morrisii in junge Meeraale und des L. brevirostris in junge Flußaale genau beschreiben konnte. Es war eine große Sensation, und man glaubte die Rätsel des Aals nun bald alle restlos gelöst zu haben. Da die verschiedenen sehr schwer voneinander zu unterscheidenden Arten der Leptocephalen in der Gegend von Sizilien — Grassi war

Professor der Zoologie in Catania — häufig gefunden wurden, so nahm man selbstverständlich an, daß hier die Laichplätze der verschiedenen Aalarten liegen müßten, und Grassi schloß, daß die Aale eben nur solche Örtlichkeiten im Meere als Laichplätze wählen, die ganz bestimmte Bedingungen erfüllen, nämlich große Tiefe von mindestens 500—1000 m, hoher Salzgehalt des Wassers und die verhältnismäßig hohe Temperatur von mindestens $+ 7^0$ C. Im allgemeinen herrscht ja in den großen Tiefen des Meeres eine konstante Temperatur von rund 4^0 C. Im Mittelmeer aber, das bei Gibraltar durch eine ziemlich seichte Barriere vom Ozean abgeschlossen ist und daher keinen Zustrom kalten Tiefenwassers erhält, bleiben die Tiefentemperaturen beträchtlich höher.

Mit der Zeit aber fand man Leptocephalen oder, wie wir jetzt sagen dürfen, Aallarven, auch draußen im Atlantischen Ozean, immer über großen Tiefen. Mit dem Eintritt in die Zone geringerer Tiefe, über dem Kontinentalsockel, geht auch die Umwandlung in Glasaale vor sich. Und nun folgte eine lange Zeit emsigen und mühevollen Studiums, das zunächst dem Suchen nach immer kleineren, jüngeren Larven gewidmet war, um auf diesem Wege den Laichplätzen näher zu kommen. Johannes Schmidt, der bedeutende dänische Forscher, hat diese große Aufgabe mit unerhörter Zähigkeit durchgeführt und ist dabei zu höchst seltsamen Ergebnissen gekommen. Man muß sich nur vorstellen, was es heißt, draußen im ungeheuren Atlantischen Ozean diese kleinen Tierchen zu suchen! In zahllosen Planktonfängen hat Schmidt, immer weiter nach Westen vordringend, schließlich doch große Mengen von Leptocephalen erbeutet — die dann, jedes einzeln, in mühevoller Untersuchung auf ihre Artzugehörigkeit geprüft werden mußten; denn es gibt in diesem Meere die Larven verschiedener Aalarten. Einmal scheiterte das Forschungsschiff Schmidts, und er mußte sich an dänische Handelsschiffe wenden mit der Bitte, auf ihren Fahrten Planktonfänge für ihn durchzuführen. Hunderte von Fängen mußten untersucht werden, und schließlich ward es immer deutlicher: im Mittelmeer waren keine Larven unseres Flußaals zu finden, die kleiner als 60 mm gewesen wären; hier konnten keine Laichplätze sein. Im Atlantik, immer weiter nach Westen, traf man immer kleinere Larven an, und das Endergebnis war phantastisch: die Larven unter 10 mm Länge finden sich erst weit, weit im Westen, man kann sagen, auf der anderen Seite des Ozeans. Die beigegebene Karte zeigt uns die Verbreitung der Larven von 10, 15, 25 und 45 mm Länge. Innerhalb des engsten dieser Kreise, in dem allein die kleinsten und jüngsten Leptocephalen zu finden sind, müssen somit die Laichplätze unse-

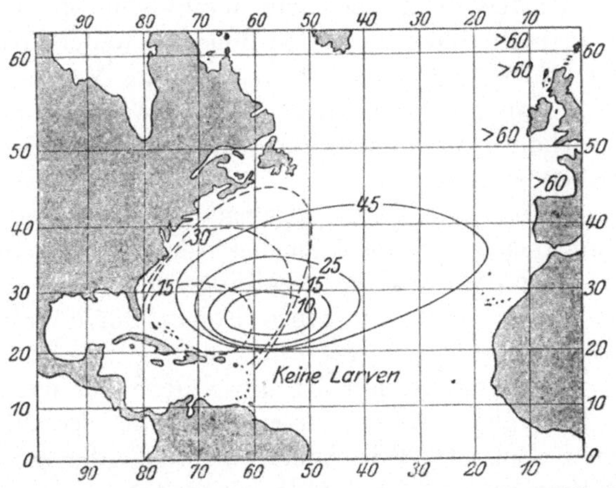

Abb. 9. Die Verbreitung der Aallarven im Atlantik. (Nach Schmidt.) Die Ziffern geben die Länge der Larven in mm an, die innerhalb des durch die Linie begrenzten Gebietes gefunden werden. ——— der europäische, - - - - - der amerikanische Flußaal.

res Flußaals liegen, und zwar, soviel wir aus allen bisher bekanntgewordenen Tatsachen entnehmen können, aller Flußaale aus den europäischen, nord- und nordwestafrikanischen und kleinasiatischen Gewässern. Erschwert und kompliziert wurden die Forschungen Schmidts noch durch die höchst merkwürdige Tatsache, die unsere Karte illustriert: auch der amerikanische Flußaal, der dem unsrigen nach Aussehen und Lebensweise ungemein ähnlich, aber doch von ihm zu unterscheiden ist, hat seine Laichplätze in der gleichen Gegend, nördlich der Antillen, etwa bis zu den Bermudas reichend; die Kreise überschneiden sich.

Das Ergebnis dieser Forschungen war für den Forscher selbst ebenso unerwartet wie für uns alle; es erscheint fast grotesk: der Aal, den schon seine Körpergestalt als einen recht schlechten Schwimmer erkennen läßt — und unsere Erfahrung bestätigt es —, legt von der europäischen Küste bis zu seinem Laichplatz eine Strecke von über 5000 km zurück, und seine Brut, die Leptocephalen, wandern in nicht sehr großer Tiefe, vielfach allerdings mit ausgiebiger Hilfe der Meeresströmungen, diesen ungeheuren Weg zurück, und dann, als Montée, noch eine recht ansehnliche Strecke, z. B. von der Rheinmündung bis in den Bodensee weitere 1000 km. Nicht viele unter den guten Schwimmern des Meeres werden ähnliche Leistungen vollbringen. Kein Wunder, daß die Jungaale schon ungefähr drei Jahre alt sind, wenn sie an den europäischen Küsten eintreffen.

Noch immer sind genug Fragen unbeantwortet. Noch wissen wir nichts über den Laichakt und die Entwicklung der Eier. Und das, was wir neuerdings erfahren haben, ist geeignet, ganze Serien von neuen Fragen aufzuwerfen, vor denen wir mehr oder weniger ratlos stehen. Wie kommt es, daß der amerikanische und der altweltliche Aal nahezu die gleichen Laichplätze haben, der eine so nahe, der andere so fern seiner Heimat? Wie kommt es, daß die prinzipiell gleiche Larvenentwicklung bei der einen Art in einem Jahr, bei der anderen in drei Jahren abläuft? Welcher rätselhafte Instinkt führt die eine Gruppe in die nahegelegenen Flußmündungen Amerikas, die anderen über das Weltmeer und ungeheure Entfernungen? Hat es nicht eine tiefere, historische Bedeutung, daß die Laichplätze beider Arten nebeneinander liegen, ja vielleicht sich decken? Waren nicht etwa in früheren Erdperioden die beiden Arten nur eine Art, sind sie nicht erst im Laufe der Entwicklung durch irgendwelche Ereignisse voneinander getrennt worden?

Die merkwürdige Trennung der am gemeinsamen Laichplatz ausgeschlüpften Larven der beiden atlantischen Arten, von denen die eine nach Westen, die andere nach Osten abwandert, zeigt übrigens, daß wir bei diesen seltsamen Tierformen, die nach ihrer ganzen Gestalt sicher keine besonders guten Schwimmer sind, keineswegs die aktive Wanderung ganz ausschalten können, wenn auch die Verfrachtung durch Strömungen, namentlich durch den Golfstrom, für unseren Aal gewiß eine sehr wichtige Rolle spielen mag.

Unter den auffallenden Eigenheiten unseres Aals haben wir schon des Umstandes gedacht, daß er im Donaugebiet (und in den übrigen Zuflüssen des Schwarzen Meeres) so gut wie ganz fehlt. Gegen Ende des vorigen Jahrhunderts war der Deutsche Fischerei-Verein energisch bemüht, den wertvollen Fisch in der Donau einzubürgern; in der Zeit von 1885—1900 sind von ihm etwa 15 Millionen Glasaale aus Pisa in den Strom eingesetzt worden. Es hat sich auch gezeigt, daß der Fisch hier ebensogut gedeiht und wächst wie irgendwo anders, daß also in der Beschaffenheit des Gewässers selbst kein Hindernis gelegen ist. Aber auf das Aufsteigen von Montée hat man vergebens gewartet, obwohl natürlich auch aus dem Donaugebiet die Blankaale ganz ordnungsgemäß abgewandert sind, und selbstverständlich ins Schwarze Meer.

Seither haben die Untersuchungen russischer Ozeanographen und Chemiker bezüglich dieses Meeres sehr interessante Tatsachen ans Licht gebracht. Ein Blick auf eine Karte lehrt uns, daß dieses fast ganz abgeschlossene Salzwasserbecken, das mit dem Mittelmeer nur durch eine sehr enge Straße, den Hellespont und des Bosporus, verbunden ist, viele große Süßwasserzuflüsse aufnimmt, außer der Donau noch mehrere große russische Ströme. Es bewegt sich also aus dem Schwarzen ins Ägäische Meer durch die genannte Meerenge ein starker Strom von salzarmem Wasser, der aber nicht alles rasch abführen kann, was zufließt, so daß über dem schweren Salzwasser der Tiefe ständig eine dicke Schicht leichten Süßwassers lagert, wie Öl auf Wasser. Nur in der Tiefe des Bosporus findet ein schwacher, durch keine nennenswerte Gezeitenbewegung verstärkter Zustrom von Salzwasser statt. Die Folgen dieser eigenartigen Schichtungsverhältnisse, die viel krasser ausgeprägt sind als die der Ostsee, wirken nun sehr ungünstig auf den Gasaustausch zwischen Wasser und Luft ein. Die sauerstoffreiche Luft dringt zwar von der Oberfläche in die Süßwasserschicht bis zu deren unterer Grenze ein, aber an der Grenze zwischen Salz- und Süßwasser stockt diese Sauerstoffzufuhr so gut wie ganz. Die obere Schicht, die ungefähr 200 m stark ist, ist daher von einer reichen Tier- und Pflanzenwelt belebt, und wie in anderen tiefen Wasserbecken erfolgt auch hier ein beständiges Absterben größerer und kleinerer Organismen, so daß ununterbrochen ein Regen von Leichen in die Tiefe absinkt. Hier aber erfolgt die Zersetzung dieser Leichen unter fast völligem Mangel an Sauerstoff, das das Wenige, was aus dem Mittelmeer gebracht wird, allzu rasch verbraucht ist. Die Bedingungen dieser Zersetzung sind also andere als in anderen Meeren, und sie erfolgt in ganz anderer Weise. Das Endresultat dieser Prozesse ist die Bildung großer Mengen von Schwefelwasserstoffgas, das auf alle Organismen, mit Ausnahme gewisser Bakterien, äußerst giftig wirkt.

Die gesamte Tiefe des Schwarzen Meeres bis hinauf zu ungefähr 200 m ist mit Schwefelwasserstoffgas so vergiftet, daß ein Tierleben unmöglich ist. Die aus der Donau kommenden Blankaale tauchen ganz offenbar bald so tief, daß sie in die lebensfeindlichen Schichten geraten und zugrunde gehen. Glasaale würden wahrscheinlich unter diesen Verhältnissen nicht zu leiden haben, denn sie pflegen in geringeren Tiefen zu wandern; aber es gibt offenbar keine oder nur ganz ausnahmsweise einige Glasaale, die diese Gewässer erreichen, da ihnen der von den Eltern ererbte Trieb, hierherzukommen, fehlt. Ab und zu allerdings finden sich vereinzelte, vielleicht verirrte oder verschlagene kleine Scharen von Steigaalen auch in der Donau und den anderen Zuflüssen des Schwarzen Meeres.

Der Lachs und seine Verwandten.

Haben wir im Aal einen Fisch kennengelernt, der im Meere geboren wird und zum Laichen und Sterben ins Meer zurückkehrt, die zwischen Beginn und Ende liegende Zeit aber, die Wachstumsperiode, im Süßwasser verbringt, so zeigt uns eine andere Gruppe, die der Lachse, genau das umgekehrte Bild: Die Fische werden im Süßwasser geboren, wandern dann als junge Tiere ins Meer ab, um hier auf Kosten ihrer marinen Beutetiere heranzuwachsen, und kehren schließlich zum Laichen, und bei vielen Arten auch, um nach der Laichablage zu sterben, ins Süßwasser zurück.

Als den Typus dieser Gruppe können wir den atlantischen Lachs betrachten, der in Mitteleuropa als Rhein-, Elbe-, Weichsellachs usw. wohlbekannt ist und vor nicht allzu langer Zeit einen sehr beachtenswerten Beitrag zur Ernährung der Menschen geliefert hat, in Gegenden, in denen die der Fischerei abträglichen Seiten der Zivilisation sich noch nicht so stark ausgewirkt haben wie in Mitteleuropa, auch heute noch liefert. Unser Lachs, Salmo salar, ist ein Bewohner des gesamten nördlichen Teiles des Atlantischen Ozeans, allerdings nur der küstennahen Gebiete. Die Grenzen des Schelfs dürfte er wohl kaum jemals überschreiten, im eigentlichen freien Ozean kaum jemals erscheinen. Hier lebt der Lachs als ein starker Raubfisch, verfolgt die Schwärme der Heringe, Sprotten, Makrelen, tut sich an Sandaalen und anderen kleineren Fischen, sowie an allen möglichen wirbellosen Tieren, wie den verschiedenen Krebsarten, gütlich und wächst mit einer manchmal erstaunlichen Schnelligkeit zu einem Gewicht bis zu 30 kg und mehr heran. Während dieser Zeit, die sie als unersättlich gierige Fresser im Meere verbringen, speichern die Lachse große Mengen von Fett in ihrem Muskelfleische, in der Umhüllung ihrer Eingeweide usw. auf, die sie dann, wenn sie nach ihrem Eintritte ins Süßwasser ihre Geschlechtsprodukte ausbilden und zur Reife bringen, restlos hierzu und zur Bewältigung der ungeheuren körperlichen Leistung verbrauchen, die mit dem Aufstiege zum Laichplatz verbunden ist. In der Tat ist diese Leistung gewaltig; der Rheinlachs z. B. sucht seine Laichplätze zum großen Teil in der Schweiz, im Quellgebiete der Nebenflüsse, wie Aare, Reuß usw. auf, mehr als 1000 km von der Mündung entfernt und in Höhen bis zu mehr als 1000 m über dem Meere. Ähnlich verhält sich der Elblachs, der in Böhmen bis in den Böhmerwald hinaufsteigt, und der Weichsellachs, der in den Nebenflüssen dieses Stromes in den Karpathen gefangen wird. Zu dieser außerordentlichen Arbeitsleistung kommt noch, wie erwähnt, die Ausbildung der Geschlechtsprodukte hinzu, die dem Körper riesige Mengen an Nährstoffen entzieht: man kann annehmen, daß bei einem Lachsweibchen vor Antritt der Wanderung das Gewicht des Eierstockes etwa 1% des Körpergewichtes beträgt, während es bei dem gleichen Tiere unmittelbar vor dem Laichen fast 25% ausmacht. Und dazu kommt bei den Lachsen des Rheins und verschiedener anderer Flüsse Europas noch ein höchst merkwürdiger, fast unglaublicher Umstand: Die Fische enthalten sich während dieser, manchmal ein Jahr und etwas länger währenden Wanderung im Süßwasser jeglicher Nahrungsaufnahme. In der allerersten Zeit, nahe der Mündung, fressen sie manchmal noch gelegentlich ein wenig; aber später gehen im Darm und in den Verdauungsdrüsen derartige Veränderungen vor sich, daß dem Fische die Aufnahme und Verwertung der Nahrung völlig unmöglich wird. Es kommt daher kaum jemals vor, daß im Rhein ein aufwandernder Lachs an der Angel gefangen wird; er beißt gar nicht an. Um so sonderbarer ist es, daß in anderen Flüssen Europas, wie in Schottland und Skandinavien, in der Weichsel, und auch in den vom Lachs besuchten nordamerikanischen Zuflüssen des Atlantischen Ozeans, eine sehr erträgnisreiche Angelfischerei auf Lachs besteht. Die sportfrohen Briten, die den Fang dieses gewaltigen Fisches mit der Angel als einen „Sport für Könige“ bezeichnen, pachten z. B. in Norwegen gute Lachsflüsse zu gradezu phantastischen Preisen; neuerdings gehen Sportfischer nach Island zum Lachsfange, und auch in den erwähnten nordamerikanischen Flüssen sind die Anglervereine äußerst tätig. Freilich nimmt die Freßlust der Fische auch hier mit dem Vordringen in den Oberlauf und mit dem Herannahen der winterlichen Laichzeit immer mehr und mehr ab; aber doch besteht ein sehr auffallender Unterschied im Verhalten der Fische in den verschiedenen Stromgebieten, den wir uns derzeit nicht erklären können.

Diese merkwürdige Wanderung des Lachses vom Meere in die Flüsse, die sich in allen Zuflüssen des Atlantik von Nordspanien bis Norwegen, und bis in die östlichen Zuflüsse der Ostsee jährlich abspielt, bietet eine ungeheure Menge von interessanten und bisher mehr oder weniger unerklärlichen Einzelerscheinungen, auf die einzugehen wir uns hier leider versagen müssen. Es sei nur so viel gesagt, daß die aufsteigenden Fische zu verschiedenen Zeiten des Jahres in großen Schwärmen erscheinen, die sich ungefähr nach Größe und Alter zusammenfinden, so daß man z. B. am Rhein vier verschiedene Gruppen unterscheidet, von den kleinen, bis etwa 2 kg schweren St. Jakobslachsen angefangen, die nur ein Jahr im Meere zugebracht haben und im Hochsommer (um den St. Jakobstag, den 25. Juli herum) in der Mündung zu erscheinen, über die kleinen Sommerlachse, die zwei Meeresjahre zählen, und die großen Sommerlachse, bis zu den großen Winterlachsen, den größten und ältesten dieser Tiere, die 20 und mehr kg wiegen und etwa ein Jahr vor dem Laichen schon ihre Wanderung antreten. Am Laichplatz angekommen, tun sich die Fische paarweise zusammen und wühlen in den Kies des Grundes eine große seichte Grube, in welche das Weibchen innerhalb einer oder zweier Wochen seine erbsengroßen, sehr dotterreichen Eier ablegt, während das Männchen den Samen darüber spritzt. Bekanntlich finden hier oft heftige Kämpfe zwischen verschiedenen Männchen statt. Die befruchteten Eier werden mit Kies zugedeckt und entwickeln sich dann im Laufe von einigen Monaten zu Jungfischchen.

Es läßt sich denken, daß die Fische nach all diesen Strapazen und der ungeheuren Abgabe an Körpermaterial bis aufs äußerste erschöpft sind, abgemagert, mit schlaffen, fettleeren und eiweißarmen Muskeln, kaum mehr fähig, zu schwimmen. Viele von ihnen gehen an Erschöpfung zugrunde; die übrigen lassen sich flußabwärts treiben, beginnen wieder Nahrung aufzunehmen und kommen langsam zu Kräften. Im Meere angelangt, erholen sie sich bei dem Überfluß an Nahrung rasch wieder, wachsen weiter stark heran und sind nach einem oder zwei Jahren wieder zu einer neuen Süßwasserreise bereit. Selten übersteht ein Lachs öfter als zwei oder dreimal diese Reise; da, wo ein intensiver Fischfang stattfindet, wird ihm dies ohnehin meistens vom Menschen unmöglich gemacht. Die im Frühjahr ausgeschlüpften Junglachse, die den einheimischen Bachforellen sehr ähnlich sehen, bleiben vielfach nur ein Jahr, besonders in den nördlichen Teilen Europas aber auch 2—3 Jahre, im Süßwasser, ernähren sich zunächst von kleinen niederen Tieren, wie Insekten und Schnecken, später von kleinen Fischen, bis sie kräftig genug geworden sind, die Reise zum Meere anzutreten, aus dem sie dann erst als laichreife Fische wiederkehren. Es ist ziemlich sicher, daß die Lachse fast ausnahmslos in den Fluß zum Laichen aufsteigen, aus dem sie ins Meer gekommen sind; es scheint sogar, daß sie mit großer Genauigkeit den Nebenbach und selbst die Stelle in diesem Bache wieder aufsuchen, an der sie aus dem Ei geschlüpft sind und ihre erste Jugend verlebt haben. Man darf also wohl annehmen, daß z. B. die Rheinlachse eine Rasse für sich bilden, die sich kaum jemals mit Elb- oder Weserlachsen kreuzen wird.

Daß ein so großer und delikater, gut bezahlter Fisch stark verfolgt wird, ist selbstverständlich. Von altersher ist in allen Gebieten, die der Lachs besucht, ein ergiebiger Fang betrieben worden, mit allen möglichen Arten von Netzen und Reusen, mit Fallen, in die z. B. die Männchen durch ein angebundenes Weibchen oder auch durch ein anderes Männchen, das sie in ihrem eifersüchtigen Zorn angreifen, gelockt werden; in Gegenden mit weniger geordneten Fischereiverhältnissen auch sehr viel mit dem Speer. Daß im Unterlauf der Flüsse, also z. B. in den holländischen Rheinstrecken, der Hauptfang geschieht, und daß den Anwohnern des Oberlaufes nur das übrigbleibt, was die Holländer nicht erwischen, ist selbstverständlich. Ebenso selbstverständlich ist es auch, daß mit der stets verbesserten Fangtechnik, der Benutzung größerer Netze, die durch Dampfkraft bewegt werden, dieser Anteil der Oberlieger immer größer wird. Bedauerlich, aber eben nicht zu ändern, ist es ferner, daß nur der noch vor dem Laichen stehende, fette und wohlschmekkende Fisch Anwert findet, während der Abgelaichte von niemandem geschätzt wird. Das bedingt natürlich einen sehr starken Ausfall an Laichprodukten. Immerhin war durch viele Jahrhunderte die natürliche Fortpflanzung der allen Nachstellungen entgangenen Lachse ausreichend, um die Bestände zu erhalten. Man rechnet bei einem Lachsweibchen mit 1000—1800 Eiern pro kg Körpergewicht, so daß also schon viele Tausende weggefangen werden konnten, ohne daß man eine Verarmung der Bestände hätte befürchten müssen. Tatsächlich sind denn auch noch vor weniger als 100 Jahren in der Schweiz Tausende von Salmen — so heißt der wohlschmeckende, fette, noch nicht ausgelaichte Lachs bei den Fischern — gefangen und verspeist worden, und auch an den anderen deutschen Strömen herrschte oft ein Überfluß an den köstlichen Fischen. Es ist kein Märchen, daß noch zu Beginn des 19. Jahrhunderts in manchen Gegenden Deutschlands die Dienstboten sich ausbedungen haben, daß sie nicht öfters als zweimal in der Woche Salm als Mahlzeit erhalten dürften. Natürlich spielen da die unvollkommenen Verkehrsverhältnisse jener Zeit mit, die es eben nicht gestatteten, den plötzlich erbeuteten Reichtum entsprechend zu verteilen, und die mangelhafte Konservierungstechnik. Es ist z. B. bekannt, daß 1827 in einem Mündungsarm des Memelstromes an einer den ganzen Arm überziehenden Sperre oft täglich mehr als 1000 Stück Salme gefangen worden sind, und daß man Tausende vergraben mußte, weil sie auch zu 1 Mark per Stück (zu durchschnittlich 15 kg!) nicht anzubringen waren.

All dies hat sich gegen Ende des vorigen Jahrhunderts wesentlich geändert. Die vorgeschrittene Fangtechnik begann die Fische so zu dezimieren, daß die Erträge an allen Teilen des Rheins beunruhigend zu sinken begannen. Es wurde ein Vertrag zwischen den am Lachsfang am Rhein beteiligten Staaten, also Holland, Preußen, Bayern, Baden und der Schweiz, geschlossen, der gewisse Einschränkungen des Fanges statuierte, z. B. den Holländern verbot, Netze zu verwenden, die die ganze Flußbreite absperren; Schonzeiten wurden festgesetzt und der Laichfischfang geregelt. Die

Fischer wurden verpflichtet, in der Schonzeit gefangene Exemplare zur künstlichen Zucht zu verwenden, und Holland, als der Hauptnutznießer, verpflichtete sich, den Einsatz von einigen Millionen künstlich erbrüteter Jungfischchen in den Oberlauf des Rheines zu finanzieren. Auch die anderen Staaten beteiligten sich an dieser Aufgabe, und es sind im Laufe der letzten Jahrzehnte viele Millionen Junglachse im Rheingebiet ausgesetzt worden. Man kann nicht sagen, daß der Erfolg überwältigend gewesen wäre; der Ertrag des Rheinlachsfanges geht immer weiter zurück. Freilich wird man ohne weiteres behaupten können, daß ohne die künstliche Zucht der Lachs wohl schon vollständig aus dem Rheingebiet verschwunden wäre. Aber es wirken eben allzu viele Faktoren zusammen, um die Erhaltung dieses königlichen Fisches immer schwieriger zu machen. Die Korrektionen, die den Fluß immer mehr zu einem geraden Kanal mit gemauerten oder betonierten Ufern, ohne ein Ruheplätzchen für den Fisch, gestalten, die die nahrungsreichen Altwässer und Arme abschneiden, ferner die Industrie, die giftige und fäulnisfähige Substanzen in immer steigendem Maße dem Flusse zuführt — in den gänzlich verunreinigten Main z. B. steigt schon längst kein Lachs mehr auf — ganz besonders aber die immer zunehmende Verbauung des Flusses mit Kraftwerken, deren Wehre selbst für einen so starken Schwimmer und kühnen Springer wie den Lachs unüberwindlich sind, alles das drängt unvermeidlich zur Vernichtung der Lachsfischerei. Heute sind schon so gut wie alle die Schweizer Nebenflüsse des Rheins für den Lachsaufstieg gesperrt, seine wichtigsten Laichplätze sind für ihn unzugänglich gemacht worden. Man muß heute den Lachs im Rhein als eine im Aussterben begriffene Fischform betrachten, wenn es nicht gelingt, ihm durch besondere Einrichtungen, Fischpässe, den Aufstieg wieder zu ermöglichen. Vielen anderen Flüssen unseres Erdteiles droht über kurz oder lang das gleiche Schicksal. Nur dort, wo die Zivilisation und die Technik noch nicht ihre Hand auf die freien Gewässer gelegt hat, ist noch von einem Reichtum an Lachsen die Rede — so z. B. im nördlichen Rußland, wo der atlantische Lachs das Nördliche

Eismeer bis etwa zum Ural bevölkert und auf seinen Laichwanderungen von den Anwohnern der großen Ströme noch wirklich massenhaft gefangen wird.

Im nördlichen Teile des Stillen Ozeans, an den nördlichen Küsten Sibiriens, in Japan, der Mandschurei und an der Westküste Nordamerikas ist eine unserem Lachs nahe verwandte Form, die Gattung Oncorhynchus, in einer Anzahl von Arten vertreten und führt ein ganz ähnliches Leben wie unser Salmo salar. Soweit wir unterrichtet sind, scheinen alle diese Lachsarten nur einmal in ihrem Leben zu laichen und nach der Fortpflanzung unweigerlich abzusterben — eine Erscheinung, die ja im Tierreiche, und auch unter den Fischen, sehr weit verbreitet ist. Dafür ist aber die Menge der Lachse, die zu bestimmten Zeiten in die Flüsse aufsteigen, geradezu überwältigend. Die Berichte der verschiedenen Reisenden vom Amur, von den Strömen Sibiriens, Alaskas usw. lauten immer wieder dahin, daß man zwischen den dicht neben- und übereinander gedrängten Leibern der großen Fische nirgends den Grund des Flusses sehen könne, daß Tausende von ihnen aufs Ufer gedrängt werden und dort zugrunde gehen, und daß der mit primitiven Mitteln betriebene Fang der eingeborenen Volksstämme keine irgend merkliche Verminderung der Schwärme verursachen könne.

Indianerstämme des Nordens haben Jahrtausende hindurch einen großen Teil des Jahres hauptsächlich von der Ausbeute der Lachsfischerei gelebt und hatten keine Ursache, den Bären und anderen Raubtieren zu wehren, die zu jener Zeit sich an den Ufern zusammenfanden, um an dem großen Schmaus teilzunehmen. Große Teile von Kamtschatka und Alaska wären ohne die Lachse für den Menschen überhaupt nicht bewohnbar. Weder der Mensch, noch sein wichtigstes Nutztier, der Hund, könnten ohne dieses Nahrungsmittel dort existieren; das gewöhnliche Futter für die Schlittenhunde ist ja der gefrorene Lachs. Von nordsibirischen Völkerschaften wird berichtet, daß sie die Mengen der gefangenen Fische in großen Gruben im gefrorenen Boden einschichten und mit Erde bedecken, um sich die übrige Zeit nach Bedarf von diesem Vorrat zu ernähren.

In Nordamerika hat schon um die Mitte des vorigen Jahrhunderts eine großzügige — manchmal allzu großzügige — Ausbeutung dieses riesigen Fischreichtums eingesetzt, die, zunächst ungeordnet, die Gefahr einer baldigen Vernichtung befürchten ließ. Mit Schöpfrädern wurden die Fische den Flüssen entnommen, Salzereien, Räuchereien und später Fabriken von Büchsenkonserven entstanden dicht nebeneinander an den Ufern. Tatsächlich ist in manchen Fällen auch eine bedenkliche Überfischung eingetreten, was nicht zu verwundern ist, wenn man hört, daß in den beiden Staaten Britisch Columbia und Washington zusammen die Menge der verarbeiteten Lachse im Jahre 1905 sich auf 59 Millionen kg belief. Eine großzügige künstliche Fischzucht, die Besetzung der bedrohten Flußgebiete mit vielen Millionen Jungfische jährlich sichert heute die Bestände. An der Westseite von Kamtschatka findet sich heute auf jedem zweiten Kilometer eine japanische Lachssalzerei. In Alaska wurden im Jahre 1909 allein von einer Art, dem Sockeye Salmon, 50 Millionen Stück zu Konserven verarbeitet; das entspricht bei dieser kleinsten Art von nur 2—3 kg Gewicht einer Gesamtmenge von mindestens 100 Millionen kg. Als im Jahre 1867 die Vereinigten Staaten auf Veranlassung des Staatssekretärs Seward das Territorium Alaska von Rußland für 7,2 Millionen Dollars kauften, war dieser Staatsmann lange Zeit der Gegenstand heftiger Angriffe wegen der Vergeudung einer solchen Summe für ein unnützes Stück hochnordischen Landes. Der Kauf wurde ganz allgemein als „Sewards Dummheit" bezeichnet. Heute wirft die Lachsfischerei Alaskas jährlich weit mehr ab, als der Kaufpreis betrug — ganz abgesehen von der übrigen wichtigen Fischerei auf Hering, Dorsch, Heilbutt usw.

Europa bezieht bereits jetzt große Quantitäten an amerikanischen Büchsenkonserven, an geräuchertem Lachs und an frischem Salm, der eingefroren zu uns gebracht wird. Wohl der größte Teil der „Rheinsalme", die in Deutschland die Speisekarte vornehmerer Gaststätten zieren, haben in diesem Zustand die weite Reise von Alaska oder Kanada herüber gemacht. Gewiß wird noch eine sehr wesentliche Vermehrung dieser Einfuhr von Lachsen aus den verschiedensten Gegenden der nördlichen Halbkugel erfolgen, und diese Fischgruppe ist sicherlich dazu bestimmt, eine ganz außerordentlich wichtige Rolle in der Weltwirtschaft zu spielen. Die riesigen Mengen des Amur, der im Jahre 1925 allein an einer Art, dem Ketalachs, über 18 Millionen kg geliefert hat, harren noch einer systematischen Ausbeutung; Rußland macht derzeit große und erfolgreiche Anstrengungen, die fast unabschätzbar großen Möglichkeiten seiner Fischereiwirtschaft zu verwirklichen. Mehr und mehr wendet man sich auch der Verfolgung der Lachsschwärme im Meere zu, studiert ihre Wanderstraßen, wenn sie den Flüssen zueilen und sich in riesigen Heeren zusammenfinden, und macht auch hier schon gewaltige Fänge. Das Ochotzkische Meer z. B. wird sich voraussichtlich als ein Fangplatz von größter Bedeutung erweisen. Der europäische Lachs wird übrigens auch in der Ostsee reichlich gefangen.

Versuche, die auf die nördliche Halbkugel beschränkte Familie der Lachse auch in südliche Gegenden zu verpflanzen, haben gute Resultate ergeben; so ist namentlich in Neuseeland heute schon eine Lachsfischerei im Schwange.

So steht der Lachs eigentlich an der Grenze zwischen Süßwasser- und Meeresfischerei. Von unserem atlantischen, wie auch von einzelnen pazifischen Lachsen kennen wir Rassen, die sich in großen Süßwasserseen heimisch gemacht haben und von hier aus zum Laichen in die Flüsse aufsteigen. Ganz besonders aber gilt dies von einer unserem Lachs nahe verwandten Art, der Meerforelle, die in Europa vielfach mit diesem zusammen lebt und ganz ähnliche Gewohnheiten hat; die vollkommen an das Leben im Süßwasser angepaßten Arten unserer europäischen Binnengewässer, die große Seeforelle und die kleinere Bachforelle, werden heute von den meisten Biologen als Rassen der Meerforelle betrachtet. Ganz ähnlich verhält es sich mit anderen Bewohnern unseres Süßwassers: der in den Seen der Alpen und Nordeuropas verbreitete köstliche Saibling hat seine große Meerform, die zum Laichen in die Flüsse des Nordens aufsteigt, und die Regenbogenforelle, die im westlichen Nordamerika die gleiche

Rolle spielt, wie bei uns die Bachforelle, hat auch ihre große, zeitweise im Meere lebende Wanderrasse.

Die vielen, hier nur zum Teil genannten Verwandten der Lachse sind in Mitteleuropa die geschätztesten und bestbezahlten Süßwasserfische und daher in unseren Flüssen und Seen, namentlich wenn wir die ihnen gleichfalls verwandten Renken oder Felchen, die typischen Seenbewohner, hinzurechnen, ein außerordentlich wichtiges Objekt der Binnenfischerei und der Fischzucht. Von besonderer Bedeutung für das gesamte Fischereiwesen der Erde ist diese Familie dadurch geworden, daß bei ihnen zuerst die Möglichkeit der künstlichen Fischzucht entdeckt worden ist. Ein deutscher Landwirt namens Jacobi hat im Jahre 1763 als erster herausgefunden, daß man bei den Lachsartigen, deren anatomischer Bau den Vorgang besonders erleichtert, die reifen Eier und den reifen Samen ohne Mühe durch sanften Druck entleeren und miteinander vermischen kann, so daß bei richtiger Ausführung jedes Ei wirklich befruchtet wird, und daß man unter Einhaltung bestimmter Vorsichtsmaßregeln diese Eier bis zum Ausschlüpfen der Jungfische in strömendem Wasser erhalten kann. Die Bedeutung dieser Entdeckung für die Fischerei ist gar nicht hoch genug anzuschlagen. Nicht nur, daß bei dem Laichvorgang in der freien Natur lange nicht alle Eier wirklich befruchtet werden, auch die befruchteten Eier sind während ihrer Entwicklungsperiode den mannigfachsten Gefahren ausgesetzt, werden von zahllosen Feinden gefressen, von Frost oder Trockenheit vernichtet usw. Man kann wohl annehmen, daß kaum 10% der in der Natur abgelegten Eier der Forellen wirklich bis zum Ausschlüpfen erhalten bleiben, daß also bei intensiver künstlicher Erbrütung dem Wasser ganz unverhältnismäßig mehr lebensfähige Jungfischchen übergeben werden, als unter rein natürlichen Verhältnissen entstehen würden. Heute ist die Anzahl von Jungfischchen aller möglichen Arten, die erbrütet und ausgesetzt oder in Teichen weiter gezogen werden, für die ganze Erde nur nach Hunderten von Millionen jährlich einzuschätzen.

Die Binnenfischerei.

Die Besprechung der Lachse und ihrer Verwandten hat uns eigentlich schon mitten in die Süßwasserfischerei hineingeführt, denn alle Fische, die im Süßwasser erbeutet werden, müssen doch logischerweise dem Ertrage der Binnenfischerei zugerechnet werden, ganz gleichgültig, ob sie aus dem Meere eingewandert sind oder dauernd im Flusse gelebt haben. Wir haben ja unter den Lachsartigen auch eine ganz stattliche Anzahl solcher Arten wenigstens flüchtig erwähnt, die ihr Leben lang ausschließlich Süßwasserbewohner sind.

Wie sich denken läßt, ist der Ertrag an Fischfleisch, den uns das Meer spendet, obwohl ja eigentlich nur geringe Teile des großen Weltmeeres als Fischereigebiete in Betracht kommen, sehr viel größer als der Ertrag der Binnengewässer. Für die Volksernährung ist die Meeresfischerei ganz ungleich wichtiger als die Binnenfischerei. Bei der leichten Erfaßbarkeit ihrer Erträge durch die Konzentration auf wenige, große Anlandezentren sind wir in der Lage, einen ziemlich genauen Überblick über den Gesamtertrag zu gewinnen — abgesehen natürlich von der kleinen Küstenfischerei und dem Detailverbrauch in den vielen kleinen Häfen und Küstenorten. Wir können jedenfalls annehmen, daß der Fehler nicht gar zu groß ist, wenn wir z. B. das Gesamtergebnis des Jahres 1929 für Deutschland mit 292 Millionen Kilo im Werte von rund 79,5 Millionen Mark angeben.

Da wird es vielleicht überraschen, wenn man hört, daß die maßgebenden Fachleute den Wert der jährlichen Ausbeute der deutschen Binnenfischerei auf 120 Millionen Mark, also auf den anderthalbfachen Wert des Gesamtertrages der Seefischerei, einschätzen. Es braucht wohl nicht gesagt zu werden, daß hier der ungleich höhere Verkaufswert der Süßwasserfische den Ausschlag gibt. Im übrigen sind wir hier in sehr viel höherem Maße auf Schätzungen angewiesen, eine wirkliche Statistik der Süßwasserfischerei existiert nicht und kann, bei dem Vorherrschen kleiner und kleinster Betriebe und bei dem Mißtrauen vieler Binnenfischer, die Angaben über ihre Ausbeute verweigern, um den Steuerbehörden nicht mehr Einblick zu geben als unbedingt nötig, gar nicht existieren.

Wir haben auch gelegentlich schon die vielen schweren Schädigungen erwähnt, die die Fischerei, namentlich in den Fließwässern, durch Wasserverunreinigung, Regulierung, Wehrbauten usw. erleidet; dagegen aber muß auch die außerordentliche Förderung hervorgehoben werden, die grade die Binnenfischerei durch die künstliche Fischzucht und durch zahlreiche Errungenschaften der wissenschaftlichen Forschung erfährt: Durch die wahrhaft großartige Ausbreitung der künstlichen Fischzucht ist namentlich die Fischerei in Bächen, Flüssen und Seen auf eine bedeutende Höhe gehoben worden. In vielen Gewässern sind wertvolle Fischarten, die ihnen von Natur aus fremd waren, eingeführt worden und haben deren Erträge ganz bedeutend verbessert. So ist z. B. der wertvolle Zander oder Schill, der ursprünglich nur im östlichen Teil Europas bis zur Elbe zu Hause war, in manchen Alpenseen und im Rheingebiet heimisch gemacht worden, in den Seen am Südabhange der Alpen sind im vorigen Jahrhundert Renken und Saiblinge eingesetzt worden und bringen die besten Erträge. Die amerikanische Regenbogenforelle bevölkert heute zahllose Bäche und hochgelegene Seen Europas und spielt namentlich in der Forellenteichwirtschaft eine überaus wichtige Rolle, da sie in vieler Hinsicht weniger anspruchsvoll und empfindlich ist als unsere heimische Bachforelle und rascher wächst. Die Errungenschaft der modernen Züchtungs- und Rassenkunde sowie der Fütterungslehre haben in die Teichwirtschaft Eingang gefunden — ganz besonders auch in die Karpfenteichwirtschaft, die in immer steigendem Maße zur Nutzbarmachung von ausgedehnten Grundstücken herangezogen wird, die eine landwirtschaftliche Verwertung nicht lohnen würden.

Schon früher einmal, im Mittelalter, hat in Mitteleuropa eine ausgedehnte und hochentwickelte Teichwirtschaft bestanden, die namentlich durch die Klöster betrieben wurde und bei den vielen Fasttagen einem dringenden Bedürfnisse entsprach. Nach den entsetzlichen Verheerungen, die der Dreißigjährige Krieg besonders in deutschen Landen verursacht hat, ist auch dieser Kulturzweig verfallen und viel im Laufe von Generationen angesammeltes Wissen verlorengegangen. Erst in der zweiten Hälfte des vorigen Jahrhunderts ist, namentlich in Böhmen, die Teichwirtschaft wieder zu neuer Blüte gebracht worden. Man hat gelernt, raschwüchsige Rassen, die die gebotene Futtermenge ausgezeichnet verwerten, heranzuzüchten, so daß z. B. bei uns die Zuchtrassen unter gleichen Bedingungen mit 3 Jahren ein Stückgewicht erreichen, das wilde Rassen erst mit 8—10 Jahren unter ungleich höherem Futterverbrauch erlangen; in den wärmeren Ländern Südeuropas, in denen die Teichwirtschaft in jüngster Zeit Eingang und Verbreitung gefunden hat, ist diese Wachstumszeit noch um ein weiteres Jahr herabgesetzt.

Die neueste Errungenschaft ist die Teichdüngung, die natürlich darauf abzielt, zunächst die Produktion des Wassers an niederen Pflanzen zu vermehren, so daß auf dieser Basis dann eine Vermehrung der niederen Tierwelt, der eigentlichen Nahrung des Karpfen, eintritt. Wie auf vielen Gebieten, so ist auch hier das, was wir erst neuerdings durch die Arbeit zahlreicher Gelehrter in eigenen Forschungsinstituten und durch die geduldigen Bemühungen besonders weitsichtiger Praktiker erreicht haben, schon seit Jahrtausenden den alten Kulturvölkern Ostasiens geläufig. In China spielt beim Kleinbauern die intensive Karpfenzucht auf kleinsten Wasserflächen, mit Düngung und rationeller Fütterung, in der Volksernährung eine ungemein wichtige Rolle. Auch auf den Inseln Niederländisch-Indiens ist die Teichwirtschaft mit verschiedenen Objekten, darunter auch Karpfen und den dort sehr großwüchsigen und hochgeschätzten Goldfischen, ein sehr hochentwickelter Zweig der Landwirtschaft.

Selbstverständlich finden sich in den verschiedenen Ländern der Erde noch zahllose Gegenden, in denen die Fischerei in Flüssen und Seen und die mehr oder weniger primitiv betriebene Zucht der verschiedensten Fischarten hohen Ertrag bringt — Fischarten, die wir hier ebensowenig im einzelnen behandeln können wie die ungeheure Mannigfaltigkeit der Fischfauna des Meeres.

Die günstigsten natürlichen Verhältnisse und die bedeutendste Produktion an Süßwasserfischen bestehen in Europa ohne Zweifel im Südosten, insbesondere an den Zuflüssen des Schwarzen und des Kaspischen Meeres, wo die größten Ströme, und zwar noch unter nahezu unveränderten natürlichen Bedingungen, einmünden. In Rumänien z. B. besteht im Donaudelta, wo alljährlich durch die Frühjahrshochwässer Hunderttausende von Hektaren in Seen umgewandelt werden und, befruchtet durch die enormen Schlammanschwemmungen, reiche Weide- und Laichstätten für eine überaus mannigfaltige Fischfauna bieten, eine der ertragreichsten Süßwasserfischereien Europas, die vom Staate in vorbildlicher Weise betrieben wird. Insbesondere spielt der wildlebende, und unter diesen außerordentlich günstigen Verhältnissen auch raschwachsende, Karpfen eine wichtige Rolle und liefert Millionen an Kilogrammen jährlich. Der Gesamtertrag der Fischerei hier beläuft sich in günstigen Jahren, d. h. in solchen mit ausgiebigem Hochwasser, auf 40 Millionen Kilo. Neben den reinen Süßwasserfischen, wie Karpfen, Zander, Wels usw., kommen hier auch mancherlei Wanderfische des Schwarzen Meeres in Betracht, so einige Heringsartige, Meeräschen, und als die wichtigsten und interessantesten die großen Fische aus der uralten und seltsamen Familie der Störe. Diese in vieler Hinsicht noch primitiv entwickelte, heute fast im Aussterben begriffene Gruppe von Fischen, die durch ihren mit Längsreihen von Knochenschildern bewehrten Körper auffallen, enthält neben reinen Süßwasserarten viele Formen, die aus dem Meere zum Laichen in die Flüsse aufsteigen, wie die einzige Form des Atlantischen Ozeans samt Nordsee und Mittelmeer, den gemeinen Stör, und etwa ein halbes Dutzend Arten des Schwarzen Meeres und noch einige in Rußland und Asien, sowie in Amerika. Unter ihnen ragt der Hausen hervor, der größte Süßwasserfisch überhaupt, der früher in Exemplaren bis zu 9 m Länge und 1400 kg Gewicht gefangen wurde. Noch vor 100 Jahren sind verschiedene dieser Donaustöre auf ihren Laichwanderungen bis nach Wien, ja selbst bis nach Ulm gekommen; heute ist es eine Seltenheit, wenn sie über Budapest hinaufsteigen. Auch der gemeine Stör, der früher in großen Mengen in die deutschen Flüsse aufgestiegen ist, um hier zu laichen, kann bis zu 6 m lang und mehrere hundert Kilo schwer werden; er vor allem ist schon zu einer wirklichen Rarität geworden.

Das ausgezeichnete und sehr hoch bewertete Fleisch dieser Fische hat gewiß sehr zu ihrer übermäßigen Verfolgung angereizt; das größte Übel ist aber die große Beliebtheit ihrer noch unreifen Eier, die als Kaviar eine der gesuchtesten und bestbezahlten Delikatessen darstellen. Es ist nicht zu verwundern, daß ein Fisch, dem kurz vor der Laichzeit so intensiv nachgestellt wird, um seine Fortpflanzungsprodukte als Speise zu verwerten, trotz seiner großen Fruchtbarkeit dem Aussterben immer näher kommt. Was der Fang eines nahezu laichreifen großen Störweibchens für die Fortpflanzung bedeutet, mag daraus entnommen werden, daß die Eierstöcke bis zu 25% des Körpergewichtes ausmachen. Ein Kilo Kaviar enthält rund 70000 Eier; es werden also bei solchen Gelegenheiten Millionen von Eiern auf einmal vernichtet. Es ist zu hoffen, daß auch hier die künstliche Zucht die völlige Vernichtung hintanhalten wird.

An der Mündung der russischen Ströme in das Schwarze und das Kaspische Meer ist der Fang der dort sehr verbreiteten großen Störarten und die Kaviargewinnung einer der wichtigsten und einträglichsten Zweige der Fischerei, aber auch andere Fische, teils reine Süßwasserarten, teils Wanderfische, sind dort noch in enormer Menge vorhanden. Von einer entsprechenden Organisation der Binnenfischerei im russischen Reiche ist die Aufbringung ganz gewaltiger Mengen an Nahrungsmitteln mit Sicherheit zu erwarten.

Die Fischindustrie.

Ganz selbstverständlich haben wir uns hier nur mit einer ganz geringen Anzahl von besonders wichtigen und interessanten Fischarten beschäftigen und weder einen Überblick über die Fülle der in den Gewässern der Erde verbreiteten Arten, noch über die bei den verschiedenen Völkern üblichen

Methoden der Fischerei geben können. An dieser oder jener Küste sind Fischarten für das Leben der dortigen Bevölkerung von überragender Bedeutung, die man anderwärts gar nicht kennt, und es ist durchaus wahrscheinlich, daß sich auch den europäischen Fischereiflotten noch Fanggebiete erschließen werden, von denen wir heute nicht viel wissen.

Wir haben gesehen, in welch großem Maße durch die Fortschritte der Schiffahrt, der Fangtechnik und der wissenschaftlichen Meeresforschung die Erträge der Fischerei gesteigert worden sind und voraussichtlich noch weiter gesteigert werden, um auch im Haushalte des Binnenländers einen immer breiteren Raum zu beanspruchen. Natürlich ist die Möglichkeit, größere Fischmengen dem Konsumenten zugänglich zu machen, im höchsten Grade abhängig von der Entfernung der Konsumplätze von der Küste und von der Transportmöglichkeit. In einem Lande wie Großbritannien, in dem es keinen Ort gibt, der weiter als 120 km von der Meeresküste entfernt läge, mußte sich begreiflicherweise schon früh ein lebhafter Verbrauch von Seefischen in allen Teilen des Landes entwickeln. Der große Eigenbedarf hat Großbritannien zu dem bedeutendsten Fischereistaate der Welt gemacht, der heute noch über gut 50% der Fischereifahrzeuge der Welt verfügt und mit seiner Produktion weitaus an erster Stelle steht.

Vergleicht man damit die geographischen Verhältnisse etwa Deutschlands mit seinen vielfach riesigen Entfernungen vom Meere, so sieht man schon, daß hier eine große Fischerei sich eben erst entwickeln konnte, als es gelungen war, die Bedingungen für einen Absatz im Binnenlande zu schaffen. Die Entfernung Hamburgs von Berlin beträgt 286, von Köln 453, von Frankfurt a. M. 551, von München 833 km. Zu einer Zeit also, wo schon der innerste Winkel Englands leicht mit frischen Seefischen versorgt werden konnte, war selbst für Berlin, geschweige denn für München, noch kaum daran zu denken.

Vor etwa 60 Jahren beanspruchte eine Fahrt von Berlin bis München mit den schnellsten Zügen 28½ Stunden, heute rund 10 Stunden. Also allein vom Standpunkt der Entfernung aus ist der Seefisch von einem Ende des Reiches bis zum anderen dem Konsumenten um fast 20 Stunden Transportzeit nähergebracht.

Von noch größerer Bedeutung sind die Fortschritte der Konservierungstechnik. Allein schon die Möglichkeit einer sachgemäßen Eispackung zu allen Jahreszeiten ist eine ziemlich neue Errungenschaft; solange sie nicht bestand, mußte natürlich der Seefischkonsum auf einen verhältnismäßig schmalen Streifen an der Meeresküste beschränkt bleiben. Und als die Versendung eisgepackter Fische durchführbar war, mußte erst das Vorurteil des Bürgers gegen diese ungewohnte Ware mit großer Mühe überwunden werden. Und welch weiter Weg war von der Versorgung mit Natureis bis zu der fabrikmäßigen Herstellung von 5000 kg schweren Eisplatten, wie sie heute z. B. im Fischereihafen Wesermünde betrieben wird!

Es ist klar, daß die Entwicklung der Fischerei zu ihrer heutigen Bedeutung nicht ohne schwere Rückschläge erfolgen konnte. Jede Zunahme der Fangergebnisse bedeutete eine Gefahr, sobald sie der Zunahme des Absatzes um einen Schritt vorausgeeilt war; eine Geschichte der deutschen Seefischerei wäre vollkommen unverständlich ohne eine Geschichte des Fischhandels und der Fischindustrie.

Noch die Großväter, ja vielfach die Väter der Fischer, die heute nach Tausenden von Kilogrammen zählende Fänge von Island oder der Neufundlandbank heimbringen, waren mit ihren Segelbooten höchstens einige Tage auf der Nordsee draußen und mußten sich dann beeilen, um ihren Fang frisch in die Häfen zu bringen und hier zu verhökern.

Ein Fortschritt war es schon, als sich Fischhändler fanden, die den ganzen Fang auf einmal zu einem Pauschalpreise abnahmen, die sog. Reisekäufer, die meistens den heimkehrenden Fischerbooten weit entgegenfuhren und schon auf hoher See, oder z. B. auf der Elbe zwischen Cuxhaven und Hamburg, mit ihnen abschlossen. Das war natürlich ein sehr riskantes Geschäft, das eine ungeheure Erfahrung verlangte und vielfach Vertrauenssache war. Vielfach ging man später dazu über, den Fang auf hoher See nicht nur aufzukaufen, sondern auch auf besonders schnelle Segler, sog. Jagerschiffe, umzuladen, um sie gleich an Land zu bringen und dem Fischer die ununterbrochene Ausnützung günstiger Fangzeiten zu ermöglichen. Am besten daran waren wohl noch jene Fischer, die für die ganze Saison in Diensten der großen Badehotels von Norderney, Helgoland usw. standen und sicher waren, hier ihren Gesamtfang zu einem vereinbarten Jahresdurchschnittspreise abliefern zu können.

Mit diesen Einrichtungen hätte sich aber begreiflicherweise die deutsche Seefischerei niemals zu ihrer heutigen Höhe aufschwingen können. Auch nur ein bescheidener Teil des deutschen Gesamtfanges vom Jahre 1929 mit 292 Millionen Kilo wäre auf solche Weise nicht abzusetzen und zu verwerten gewesen. Zuerst mußte eine Organisation des Handels geschaffen werden, die wenigstens in normalen Zeiten einen glatten Absatz bewältigen konnte. In den achtziger Jahren wurde zum ersten Male in Deutschland die bereits in Holland und England übliche Fischauktion ins Leben gerufen, die mit der größten Beschleunigung und auf die einfachste Weise die Fänge zu den jeweiligen Marktpreisen verwertet. Daß bei einer so wechselnden Produktion, wie es die Seefischerei nach der Lage der Dinge notwendigerweise sein muß, große Preisschwankungen an der Tagesordnung sind, liegt ja auf der Hand, und ebenso, daß der auktionsweise Verkauf diesen Verhältnissen am besten Rechnung trägt.

Im Jahre 1887 wurde in Hamburg die erste Seefischauktion abgehalten, und schon im gleichen Jahre folgte Altona, im nächsten Geestemünde, bald darauf Bremerhaven und Cuxhaven. 1911 betrug der Umsatz dieser großen Auktionsmärkte an der Elbe und der Weser bereits 21,5 Millionen Mark. 1929 wurden in Wesermünde allein rund 104 Millionen Kilo Fische versteigert. Es wäre verlockend, den Betrieb in einer solchen Auktionshalle zu schildern; wer niemals einer Versteigerung beigewohnt hat, kann sich nur schwer einen Begriff davon machen. Die nach vieljähriger Erfahrung sorgfältig organisierte Methode der Verpackung der Fische in Eis erlaubt es, sie auch in der warmen Jahreszeit in ausgezeichneter Qualität von der Nordseeküste bis nach Ungarn und Norditalien zu verschicken.

Von der Verpackung in Eis ist wesentlich verschieden das Einfrieren der Fische, das geeignet ist, ihnen eine noch viel bessere Haltbarkeit zu verleihen.

Das Gefrierverfahren wird auf Fluß- und Seefische angewendet, und seitdem es Kühlhäuser mit ganz bestimmter und konstanter Temperatur gibt, die ein monatelanges Aufbewahren gestatten, auch mit ganz gutem, aber bis vor kurzem doch nicht ganz befriedigendem Erfolge. Immer hat es sich gezeigt, daß die Fische, die außerordentlich vorsichtig — im kalten Wasser — aufgetaut werden müssen, nach dem Auftauen sehr leicht und schnell verdarben, und daß sie auch bei bester Behandlung im Geschmack frischen Fischen erheblich nachstanden.

Genauere Untersuchungen haben ergeben, daß langsames Einfrieren das Anschießen großer Eiskristalle in den einzelnen Zellen zur Folge hat, wodurch die Zellwände zerrissen werden und nach dem Auftauen der flüssige Zellinhalt teilweise austritt, so daß große Mengen nahrhafter und wohlschmeckender Stoffe verlorengehen.

Man taucht die Fische heute in eine tiefgekühlte Salzlösung von ganz bestimmter Konzentration, wobei nur winzige Eiskriställchen entstehen. Nach diesem raschen Durchfrieren werden sie noch kurz in kaltes Wasser getaucht und überziehen sich beim Herausnehmen mit einer dünnen Eisglasur, die Verdunstungsverluste verhindert. Auf diese Weise läßt sich eine Dauerware herstellen, die dem frischen Fisch so gut wie gleichwertig, doch an das Vorhandensein entsprechender Kühlhäuser gebunden ist. Man kann diese Art der Verarbeitung wohl schon als einen Zweig der Fischindustrie betrachten; allerdings ist sehr oft der gefrorene Fisch erst der Gegenstand weiterer Behandlung.

Seit alter Zeit in Europa geübt ist das Salzen und das Trocknen der Fische, vielfach auch eine Kombination beider Verfahren. Man unterscheidet im Fischhandel sehr scharf zwischen dem Bestreuen des frischen Fisches mit geringen Salzmengen, um ihn bis zum Eintreffen am Verkaufsorte vor dem Verderben zu schützen, und dem eigentlichen Einsalzen. Ersteres soll eine dem ganz frischen Fisch möglichst ähnliche

Ware ergeben, und dieses Salz wird auch vor der weiteren Verwendung ziemlich bis auf die letzte Spur wieder ausgewaschen. Besonders beim frischen („grünen") Hering wird dieses Verfahren sehr viel angewandt. Doch ist man sich dessen bewußt, daß es sich hier um einen Notbehelf handelt, und daß überall da, wo die Verhältnisse es erlauben, den Hering ohne Salzbeigabe in guter Qualität an Land zu bringen, auch bessere Preise erzielt werden.

Ganz anders verhält es sich mit den sog. Salzheringen, die in einer starken Salzlake einen Garprozeß durchmachen und dann vor dem Genusse einer weiteren Zubereitung, wie Kochen, Braten oder dgl., nicht mehr bedürfen. Das Herstellen guter Salzheringe ist eine durchaus nicht einfache Sache, und es gibt deren eine ungeheure Menge verschiedener Sorten und Qualitäten. Alter, Reife, Ernährungszustand, Herkunft usw. der Fische spielen eine große Rolle, und ganz besonders wichtig ist es, daß der Fisch so rasch wie nur irgend möglich nach dem Fang gesalzen wird. „Übertägige" Heringe ergeben schon ein minderwertiges Produkt.

Je näher dem Verarbeitungsorte daher die Fangplätze liegen, um so vorteilhafter. Von alters her sind deswegen die an der Ostküste Großbritanniens hergestellten Salzheringe marktbeherrschend gewesen, weil eben der große Fang nahe der Küste stattfindet. Die Fische werden sofort an Land gebracht und von Frauen und Mädchen weiter verarbeitet. Zuerst werden sie gekehlt, d. h. es wird durch einen einzigen Schnitt mit einem besonders geformten Messer der Bauch geschlitzt und die Eingeweide samt den Kiemen entfernt. Es ist gradezu unglaublich, welche Geschicklichkeit eingearbeitete Leute im Kehlen der Heringe sich aneignen können. Als normale Leistung gilt z. B. auf den deutschen Heringsschiffen, wenn acht Mann in der Stunde 20 Tonnen Heringe (à 700 Stück) verarbeiten. Das heißt also, daß ein Mann in der Stunde 1750 Stück, in der Minute 29 Stück verarbeitet. Gleichzeitig müssen die Fische auch noch nach der Größe in drei Klassen sortiert werden. Die gekehlten Fische werden dann von den Salzern gereinigt und eingesalzen, hierauf von den Packern nach ganz bestimmten Regeln in die Tonnen gepackt und noch mit Salz überschichtet, so daß sich die richtige Lake bildet.

Aus dem einfachen Salzen und Garwerdenlassen in der Lake haben sich die verschiedenen Arten des Marinierens entwickelt, bei denen neben der Salzlake der Essig nebst verschiedenen Gewürzen eine Hauptrolle spielt. Zahllos sind die verschiedenen Nuancen dieser Zubereitung und die Namen der Marinaden, zu denen auch wieder der Hering das wichtigste Rohmaterial liefert. Auch hier handelt es sich um ein Garwerden der Fische in der Salz- oder Essigpökelflüssigkeit. Von den eigentlichen Marinaden, unter denen wohl der Bismarckhering und der Rollmops die bekanntesten sind, unterscheiden sich die mit Kochen oder Braten einhergehenden Zubereitungen, bei denen gewöhnlich Geleeartikel entstehen.

An der Waterkant, da und dort aber auch im Binnenlande, sind in den letzten Jahrzehnten riesige Betriebe derartiger Fischverarbeitungsindustrien entstanden, vielfach unmittelbar mit den großen Fischereihäfen und Auktionshallen verbunden.

Um welche bedeutenden Betriebe es sich hier handelt, möge z. B. das Faktum illustrieren, daß Fabriken, die Bismarckheringe erzeugen, in der Saison oft Hunderte von Frauen mit dem Entgräten der Fische beschäftigen, wobei es als normale Arbeitsleistung gilt, wenn eine Frau täglich 300 kg Heringe entgrätet.

Zu ungeheurer Wichtigkeit hat sich schließlich das Räuchern der Fische entwickelt, daß ja auch schon seit einer ganzen Reihe von Jahrhunderten geübt wird. Man unterscheidet die kalte und die warme Räucherei: Bei dem ersten Verfahren erhalten Fische, die schon durch Salzlake gar geworden sind, durch tagelange Einwirkung des Rauches, unter Vermeidung stärkerer Erwärmung, Geschmack und Farbe. Beim Warmräuchern dagegen wird der frische Fisch, schwach gesalzen, der Einwirkung heißen Rauches nur kurze Zeit ausgesetzt und wird durch die Hitze von 120—140° gar. Warm geräucherte Fische sind schmackhafter, viel weniger salzig, aber auch viel kürzer haltbar als kalt geräucherte. Der Bückling z. B. ist warm geräuchert, der Lachshering kalt. In Deutschland wird die warme Räucherei im größten Maßstabe betrieben.

In England und Amerika spielt die kalte Räucherei eine besonders große Rolle; namentlich der Räucherlachs wird ausschließlich auf kaltem Wege hergestellt.

Die deutsche Fischindustrie befindet sich gewiß noch im Aufstiege, ebenso wie die deutsche Meeresfischerei, die ja durch den Krieg und die Wegnahme zahlloser Schiffe durch den Friedensvertrag einen ungeheuren, noch keineswegs ganz wettgemachten Rückschlag erlitten hat. Immerhin hat auch die Industrie oft schwer zu kämpfen und leidet sowohl unter den unvermeidlichen, teils allgemeinen, teils mehr lokalen Schwankungen der Fischereierträge als auch unter der Konkurrenz des vielfach günstiger gestellten Auslandes. Zeitweise hat es in der deutschen Fischindustrie selbst erbitterte Konkurrenzkämpfe gegeben, denen dann wieder mehr oder weniger feste Zusammenschlüsse und Preisvereinbarungen gefolgt sind, vom Volkswitz als „Rollmopsring“ bezeichnet.

Sicherlich ist die wirtschaftliche Bedeutung dieser Industrie außerordentlich groß. Ohne sie müßten besonders reiche Fangperioden jedesmal zu ungeheuren Preisstürzen führen, und riesige Mengen wertvoller Nahrungsmittel müßten unverwertet bleiben, wie es ja in früheren Zeiten oft genug der Fall gewesen ist. Bei der leichten Verderblichkeit der frischen Ware ist jeder Fortschritt in der Konservierungstechnik von gar nicht abzusehender Wichtigkeit. Allerdings muß natürlich jede Erhöhung der Erzeugung mit einer Erhöhung des Konsums Hand in Hand gehen, und diese herbeizuführen, ist keine so einfache Sache. Die Einführung der frischen wie der konservierten Seefischspeisen in den vom Meere abgelegenen Orten ist nur durch eine wahrhaft großartig betriebene Propaganda möglich geworden, die für Deutschland in der Hauptsache durch die staatliche Fischereidirektion Hamburg geleistet worden ist. Die Abhaltung von Fischkochkursen in allen größeren Konsumzentren, die Verteilung von vielen Tausenden billiger Fischkochbücher, die Bearbeitung des Publikums, alles das hat tatsächlich in Deutschland in den letzten Jahrzehnten enorme Erfolge gezeitigt. Der

Konsum an Meeresfischen wurde im Jahre 1927 mit 8,5 kg pro Kopf der Bevölkerung berechnet. Wie steigerungsfähig diese Ziffer noch ist, beweist eine Berechnung, nach der der Konsum in Groß-Berlin fast das Doppelte dieser Ziffer pro Kopf beträgt. Man kann annehmen, daß in Berlin mehr Fische gegessen werden, als in allen ländlichen Bezirken Deutschlands zusammengenommen. Allerdings sind eben die großen Städte durch eine solche Propaganda am leichtesten zu erfassen. Für den deutschen Konsum weniger in Betracht kommen die einfachsten und die verfeinerten Methoden der Konservierung, nämlich die Trocknung und die Verarbeitung zu Dauerware in Dosen. Die Trocknung, die wir schon bei der Besprechung des Kabeljaus kennengelernt haben, läßt sich im Freien nur unter den besonderen Bedingungen einzelner Fangplätze, wie z. B. der norwegischen Küsten und Inseln, in wirklich vollkommener Weise durchführen.

Die wachsende Beteiligung der übrigen europäischen Länder an der Hochseefischerei, namentlich in den isländischen Gewässern und auf der Neufundlandbank, ließen es begreiflicherweise wünschenswert erscheinen, sich dieser einfachen Methode zur Konservierung der Massenfänge zu bedienen. Doch hat sich gezeigt, daß hier die klimatischen Verhältnisse nicht geeignet sind, eine Dauerware zu erzielen. Fäulniserreger und Fliegenmaden vereiteln meistens die Versuche.

Man ist daher in Deutschland, Schottland und Frankreich nach vielen mehr oder weniger fehlgeschlagenen Versuchen zu einer Methode der Fischtrocknung durch künstlich bewegte, mäßig erwärmte Luft übergegangen, und die Erfolge, namentlich in Geestemünde und Cuxhaven, sind entschieden vielversprechend. Klippfisch wird bereits seit längerer Zeit in sehr guter, exportfähiger Qualität hergestellt, und die rastlose Arbeit der deutschen wissenschaftlichen Institute wird immer neue Verbesserungen zeitigen. Grade die Trocknungsanstalten sind berufen, beim Eintreten von Massenfängen die Überschüsse aufzunehmen und so als Regulatoren des Marktes zu dienen.

Marinaden und verwandte Erzeugnisse, wie z. B. Fische in Gelee, sind durch die ihnen widerfahrene Behandlung, durch Luftabschluß usw., haltbarer als frische Fische, aber keineswegs lange Zeit haltbar. Eine wirkliche Dauerware wird, außer durch vollständige Trocknung, nur durch Sterilisation erzeugt, also durch ein Verfahren, das einerseits die im oder auf dem Fisch vorhandenen Keime zerstört, andererseits der Luft mit den in ihr enthaltenen Fäulniserregern den Zutritt verwehrt. Als der Erfinder dieses Verfahrens, das ja in der Konservierung aller möglichen Nahrungsmittel jetzt eine ungeheure Rolle spielt, gilt der französische Koch François Appert, der 1804 als erster darauf verfiel, die Nahrungsmittel in einem Gefäß mit möglichst kleiner Öffnung längere Zeit der Siedetemperatur auszusetzen und dann, nach dem vollständigen Entweichen der Luft, die Öffnung luftdicht zu verschließen. Selbstverständlich ist in den seither verflossenen 125 Jahren das Verfahren ganz außerordentlich vervollkommnet worden und findet heute in der Fischindustrie die vielfältigste Anwendung. Allerdings keinesfalls auf alle Fischsorten, denn sehr viele von ihnen verändern bei der mit der Sterilisation verbundenen längeren Erhitzung ihren Geschmack stark, andere zerfallen und werden unansehnlich.

Die für die deutsche Fischindustrie in Betracht kommenden Fischarten stellen im allgemeinen kein für die Herstellung von sterilisierten Dauerkonserven geeignetes Material dar, so daß dieser Zweig der Industrie — vorläufig wenigstens — keine allzu große Rolle spielt. Der große Reichtum der deutschen Küsten an Garneelen gibt allerdings zur Herstellung einer sehr geschätzten Konserve dieser Art Veranlassung. Sicherlich ist aber auch dieser Zweig der deutschen Industrie noch sehr ausbaufähig; die Arbeit eines großen Stabes von Gelehrten in den der Seefischerei und der Fischindustrie dienenden wissenschaftlichen Institute bürgt dafür.

Die Wale.

Wenn auch, was ja heute jedem Gebildeten geläufig ist, die sogenannten Walfische — besser Wale — keine Fische, sondern Säugetiere sind, so gehört doch ihr Fang und ihre

Verwertung unbedingt zu unserem Thema, denn die Produkte der Walindustrie sind im wahrsten Sinne des Wortes Gaben des Meeres an die Menschheit. Ob allerdings der Mensch von ihnen einen vernünftigen und ethisch zu rechtfertigenden Gebrauch macht, das ist eine Frage für sich.

Schon Aristoteles, der allerdings wohl nur die kleineren Arten unter den Walen, die Delphine, gekannt haben mag, wußte, daß es sich hier um Säugetiere handelt; wie so viele seiner Erkenntnisse, mußte auch diese nach einer langen Periode der Unwissenheit der Wissenschaft zurückgewonnen werden. Freilich ist es nicht zu verwundern, wenn der naive Mensch den wunderbaren Schwimmer und Taucher, den ausschließlichen Wasserbewohner, der mit Brustflossen und einer Schwanzflosse von ähnlicher Gestalt, wie sie die Fische haben, meist auch noch mit einer Rückenfinne, ausgerüstet ist, für einen Fisch hält. Bei näherer Betrachtung freilich ergeben sich grundlegende Unterschiede. Lungenatmung, konstante Blutwärme, Säugen der lebend geborenen Jungen, dazu viele Einzelheiten der inneren Organisation, lassen keinen Zweifel über die wahre Zugehörigkeit dieser Tiere aufkommen. Die Schwanzflosse, die nach Art eines Propellers die Riesenmasse des Körpers, bei den großen Arten mit ungeheurer Kraft, durch das Wasser treibt, steht nicht, wie bei allen Fischen, senkrecht, sondern waagerecht. Die Brustflossen erweisen sich als umgebildete Arme und Hände und dienen wohl zum Steuern; die hinteren Extremitäten sind völlig verschwunden; bei einigen Arten findet man noch kümmerliche Reste ihres Skelettes tief im Körper verborgen.

Kein Zweifel, die Wale stammen von landlebenden Säugetieren ab, haben sich aber im Laufe der Entwicklung dem Leben im Wasser in wunderbarer Weise angepaßt. Solche riesige Tiere konnten überhaupt nur im Wasser entstehen. Gegenüber der vielfach verbreiteten Meinung, daß in früheren Erdperioden ungleich gewaltigere Geschöpfe gelebt hätten als heute, daß mit den Ungeheuern der Vorwelt nichts derzeit Lebendes verglichen werden könne, muß betont werden, daß wir aus keiner der erdgeschichtlichen Perioden irgendein Tier kennen, daß die Größe der heute (noch!) lebenden Wale auch nur annähernd erreicht hätte.

Freilich, ein so riesiges Geschöpf könnte wohl auf dem Festlande kaum existieren, weil es sein eigenes Gewicht nicht schleppen könnte.

Wenn man übrigens von den Walen als einer einheitlichen Gruppe spricht, so dürfte sich diese Auffassung nach den neuesten Forschungen kaum halten lassen. Es scheint, daß die Zahnwale und die Bartenwale nicht gar zu nahe miteinander verwandt sind und daß viele Übereinstimmungen in ihrer Organisation eben auf die beiden gemeinsamen Lebensbedingungen zurückgeführt werden müssen. Manche Gelehrten gehen sogar so weit, die Zahnwale von Landraubtieren, die Bartenwale von harmlosen Huftieren als Vorfahren abzuleiten.

Immerhin sind viele Züge beiden Gruppen gemeinsam. Daß sie das Haarkleid vollkommen verloren und dafür einen viel wirksameren Wärmeschutz in Form der gewaltigen Speckschicht unter der Haut erworben haben, ist, besonders bei jenen Arten, die dauernd in kalten Meeren wohnen, gut verständlich; als weiterer Vorteil dieser Einrichtung wird die Elastizität dieser Fettschicht gedeutet, die den Körper gegen den raschen Wechsel des Wasserdruckes beim Tauchen schützt. Wenn man auch heute nicht mehr, wie früher, annimmt, daß die Wale Tausende von Metern hinabtauchen, so ist doch ein Tauchen in Tiefen von einigen hundert Metern mit einer Druckänderung von enormer Wirkung verbunden. Es nimmt daher wohl nicht wunder, daß empfindlichere Organe gut geschützt sind; die Hornhaut des Auges z. B. kann bei den großen Arten nur mit einer Zimmermannssäge gespalten werden. Selbstverständlich ist es, daß z. B. die Nasenöffnung wasserdicht abgeschlossen werden kann, und eine bewundernswerte Anpassung an die Lebensweise bedeutet es, daß der Atemweg, der ausschließlich durch die Nase führt — als Geruchsorgan ist sie fast bei allen Arten gänzlich verkümmert —, vollständig von dem Speiseweg getrennt ist, so daß die Tiere unter Wasser fressen und schlucken können, ohne befürchten zu müssen, daß ihnen Wasser oder Nahrung in die „unrechte Kehle“ kommen könnte. Besondere Einrichtungen gestatten ein sehr langes Aushalten ohne Neuaufnahme von Luft; unter ganz besonderen Umständen, so bei Verwundung, vermögen die Tiere selbst bis zu einer Stunde und mehr unter Wasser zu bleiben. Den hierzu nötigen besonders tiefen Atemzug gestattet ihnen die große Beweglichkeit und Ausdehnbarkeit des Brustkorbes: die Rippen sind weder mit der Wirbelsäule noch mit dem Brustbein fest verbunden. Freilich gereicht ihnen diese Einrichtung in den gar nicht seltenen Fällen zum Verderben, in denen sie stranden. Denn sobald der ungeheure Körper nicht mehr im Wasser ist, so daß nicht mehr der größte Teil seines Gewichtes durch dieses getragen wird, ist der Wal nicht mehr fähig, zur Atmung den Brustkorb zu erweitern. Das eigene Gewicht drückt ihn nieder, und die Tiere verenden unter schrecklichem, weithin hörbarem Stöhnen.

Zu den vielen Mißverständnissen, die über die Wale verbreitet waren und sind, gehört auch die immer wieder verbreitete Erzählung, daß sie beim Auftauchen einen Wasserstrahl emporspritzen sollen. In Wirklichkeit ist es nur Atemluft, die mit starkem Geräusch ausgeblasen wird und sich infolge der Abkühlung zu einem weithin sichtbaren Dampfstrahl verdichtet. Daß auch in der warmen Luft selbst tropischer Meere der Dampfstrahl sichtbar wird, beruht darauf, daß ein Gas, das vorher unter starkem Druck stand, bei rascher Entspannung sich stark abkühlt. Dieses „Blasen“, das nur bei großen Arten in Erscheinung tritt, erfolgt immer nur beim Auftauchen nach längerem Schwimmen unter Wasser. Ihm folgen dann einige leichte, kurze Atemzüge und schließlich ein sehr starkes Einatmen vor dem neuerlichen Tauchen. Erfahrene Walfänger vermögen nach Form, Höhe und Richtung des ausgeblasenen Strahls und nach Zahl und Rhythmus der folgenden Atemzüge schon die Art zu erkennen, mit der sie es zu tun haben.

Leider sind wir über viele Einzelheiten im Bau dieser Riesentiere und ganz besonders über ihre Lebensweise noch recht wenig unterrichtet, was um so bedauerlicher ist, als ja manche Arten schon ganz oder fast ganz ausgerottet sind und bei dem furchtbaren Mißbrauch seiner technischen Überlegenheit, zu dem Habgier und Gedankenlosigkeit des Menschen gerade diesen interessanten Tieren gegenüber verführt, auch das Verschwinden der übrigen in naher Zukunft befürchtet werden muß. So wissen wir z. B. recht wenig über die Fortpflanzung der Wale. Die Tragzeit wird bei den größten Arten mit 12—14 Monaten oder noch mehr angenommen. Gewöhnlich dürfte nur jedes zweite Jahr ein Junges geboren werden, obwohl Zwillinge und auch mehr gleichzeitig Geborene vorkommen. Über den Geburtsakt wissen wir nichts und können uns nur schwer vorstellen, wie er vor sich gehen mag, ohne daß die Kinder ertrinken; dagegen ist es bekannt, daß sie sehr groß und schon sehr weit entwickelt zur Welt kommen; bei den größten Arten mißt ein Neugeborenes bis zu 7 m. Gesäugt werden sie von der Mutter lange, wohl ein Jahr. Eine besondere Muskulatur gestattet, daß ihnen die Milch aus der Zitze in die Speiseröhre gespritzt wird, und man hat beobachtet, daß die Mutter ihre Jungen, an der Zitze angesaugt, in rascher Fahrt weite Strecken mit sich zieht. Für Delphine wenigstens ist das erwiesen.

Begreiflicherweise sind wir auch über das Alter, das die Wale erreichen, ganz im unklaren; jedoch wissen wir, daß sie recht lange leben können. So kennen wir einen Fall, in dem einer der heute schon so gut wie ausgerotteten Grönlandwale bei seinem Fang eine Harpune im Körper trug, die nachweislich mindestens fünfzig Jahre früher von einem amerikanischen Fangboot geschleudert worden war.

Auch über die Wanderungen der Tiere geben die Harpunenfunde Auskunft, und in neuester Zeit ist die Forschung dazu übergegangen, Wale dadurch zu markieren, daß man ihnen gekennzeichnete kleine Harpunen, die keine ernstliche Verletzung bewirken, in den Leib schießt. Viele Wale führen außerordentlich weite und anscheinend jährlich regelmäßig wiederkehrende Wanderungen aus; sie kommen immer wieder in die gleichen Buchten, obwohl sie hier den ärgsten Verfolgungen ausgesetzt sind. Überhaupt sind die Wale keineswegs so grundsätzliche Hochseetiere, wie man vielfach annimmt; die eigentliche Hochsee ist ja auch, wie wir wissen, nicht nahrungsreich genug, um so enorme Tiere, womöglich noch große Herden von ihnen, dauernd ernähren zu können.

Unrichtig ist auch die Meinung, daß die Wale durchaus Kaltwassertiere seien. Heute freilich, da schon im Nordpolargebiet und in den wärmeren Meeren die großen Arten infolge übermäßiger Verfolgung sehr stark dezimiert sind und auch im Südpolargebiet der gleiche Prozeß schon große Fortschritte gemacht hat, sind die entlegensten und am schwersten zugänglichen Meeresteile der Antarktis noch am stärksten von ihnen bevölkert. Aber nicht nur der Golf von Biskaya, der einer der größten, heute fast verschwundenen Arten den Namen gegeben hat, sondern auch die Küsten tropischer und subtropischer Länder des Atlantischen wie des Pazifischen Ozeans sind, wenigstens zeitweise, von Herden verschiedener Arten regelmäßig bevölkert gewesen. Freilich werden die Bartenwale, die sich ja vielfach von Planktontieren nähren, immer wieder den arktischen und antarktischen Meeren zugeführt, weil hier diese im Vergleich zur Größe des Wals winzigen Nahrungstiere in unermeßlichen Scharen zu finden sind.

Die Zahnwale, deren kleinste Vertreter, die Delphine, wohl jeder kennt, der auch nur eine Mittelmeerreise gemacht hat, sind freilich zum großen Teil Verzehrer recht ansehnlicher Bissen, echte Räuber, wie ja ihr furchtbares Gebiß zeigt. Die Delphine sind im wesentlichen Fischfresser und als solche da und dort den Fischern verhaßt, weil sie ihnen die Netze zerstören. In manchen Gegenden werden sie deshalb erbittert verfolgt, in anderen wieder geschont, weil die Fischer glauben, daß sie ihnen die Fische, bei Istrien z. B. die Sardinenschwärme, ins Netz jagen. Im hohen Norden ist an manchen Örtlichkeiten der gleiche Aberglaube auch bezüglich der größeren Wale verbreitet — glücklicherweise, da er manchmal die Tiere vor Verfolgung schützt. So hat z. B. die norwegische Regierung auf Drängen der Fischer selbst im Jahre 1904 ein zehnjähriges Walfangverbot für die

Küsten des Landes erlassen, das gewiß sehr zu begrüßen war.

Die Delphine selbst, die schönen und lustigen Begleiter der Schiffe, werden nur in einigen Gegenden, wie z. B. an den türkischen Küsten des Schwarzen Meeres, wegen des in der Speckschicht enthaltenen Trans systematisch verfolgt. Interessant ist, daß sich hier offenbar die aus dem Altertum stammende Sage von der Musikalität des Delphins bis heute erhalten hat, denn die Fischer suchen die Tiere durch lautes Pfeifen anzulocken, das freilich für europäische Begriffe nichts weniger als musikalisch sein soll. Einige wenige Arten steigen übrigens gelegentlich weit in die Flüsse hinauf, wie z. B. der Tümmler der deutschen Küsten, und einige sind sogar Süßwassertiere geworden.

Einige in die Verwandtschaft der Delphine gehörige Arten, wie z. B. der Grindwal der nordischen Meere, ein Fisch- und Tintenfischfresser von höchstens 6—7 m Länge, werden vom Menschen in vielfacher Hinsicht ausgenutzt. Auf hoher See wird der Grindwal verhältnismäßig wenig gejagt, kommt aber regelmäßig in die Buchten der nordeuropäischen Länder und Inseln und strandet dann sehr häufig, oft ganze Scharen zusammen, da sie als echte Herdentiere alle dem Führer folgen. Eine ganze Anzahl von Fällen ist sicher überliefert, in denen Hunderte zugleich ein solches Ende fanden, so 1805 eine Herde von etwa 300 Stück auf den Shetlandinseln, in den Jahren 1809 und 10 sogar zusammen 1100 Stück in einer Bucht Islands. Stranden sie nicht von selbst, so werden sie, sobald sie sich in eine Bucht verirrt haben, von Bootsflottillen gehetzt und geschreckt, bis sie doch in das seichte Wasser geraten, in dem sie wehr- und hilflos geschlachtet werden können. Eine anschauliche Schilderung solcher Schlächterei gibt J. V. v. Scheffel in einem langen Gedicht: „Der Grindwalfang an den Faröerinseln."

Das Fleisch, das recht gut schmecken soll, wird frisch oder gesalzen gegessen, ebenso der Speck; außerdem wird Tran gesotten, die Haut wird zu Riemen geschnitten und die Knochen als Zaunpfähle verwendet.

Eine ähnliche, vielleicht noch wichtigere Rolle für die

nordischen Völker spielt der etwa 4—6 m lange Weißwal oder Beluga. Besonders zu erwähnen ist hier noch der Narwal, der bekannt ist durch die bis zu 3 m langen, spiralig gewundenen Stoßzähne des Männchens, von denen meist der linke gut ausgebildet, der rechte verkümmert ist. Es ist ein hochnordisches Tier, das hauptsächlich von den Eskimos und sibirischen Völkern verfolgt wird, die Fleisch und Speck essen, den Tran brennen und jeden Körperteil zu verwerten wissen. Die Stoßzähne werden zu Elfenbeinschnitzereien verarbeitet. In früheren Jahrhunderten, als man ihre Herkunft dem sagenhaften Einhorn zuschrieb, waren sie in Europa ungemein geschätzt und teuer bezahlte Sammlungsstücke; so soll Kaiser Karl V. eine große Schuld durch einen Narwalzahn getilgt haben, und ein in der kurfürstlichen Sammlung in Dresden befindliches Stück war 100000 Taler wert.

Der gewaltigste unter den Zahnwalen ist der Potwal, der bis zu 23 m lang und enorm dick wird; der Kopf mit seiner kistenartigen Form nimmt etwa ein Drittel der Gesamtlänge ein. Die in dem kolossalen Unterkiefer steckenden 40—50 Zähne erreichen je einige Pfund Gewicht und liefern ein gutes Elfenbein. Gejagt wird dieser namentlich in den warmen Zonen des Atlantischen und Stillen Ozeans heimische Riese, der meist in kleinen Trupps oder „Schulen", manchmal aber auch in Herden zu hundert und mehr Stück erscheint, wegen des Trans, von dem ein großes Tier 80 bis 120 Faß à 60 l gibt, ferner wegen des Walrats oder Spermacets, einer fettreichen, flüssigen Masse, die in riesigen Höhlungen des Schädels enthalten ist, ohne daß wir bis jetzt etwas über seine biologische Bedeutung wüßten. Das Spermacet, nach dem das ganze Tier oft genannt wird (Sperm Whale der Briten), wird in gereinigtem und festem Zustande seit dem Altertum in der Kosmetik hochgeschätzt, auch heute noch hat es hohen Wert für die Seifen- und Kerzenerzeugung. Noch viel wertvoller ist das Ambra, eine wachsartige, angenehm riechende Masse, die im Darme des Tieres, angeblich als krankhafte Ausscheidung, gefunden wird und gleichfalls schon im Altertum sehr begehrt war. Oft findet man die Substanz in riesigen Klumpen auf dem Meere treibend, es sind Stücke von 90 kg bekanntgeworden. In einem Tiere sind schon öfters Mengen im Werte von 50 000 Mark gefunden worden. Berühmt ist ein von Norwegern bei Neuseeland 1912 erlegter Potwal, der Ambra für 470 000 Mark lieferte. Das seltsame Naturprodukt wird in der Parfümerie und als Beimengung zu Räuchermitteln auch heute noch gut bezahlt.

Der Potwal ist, wie sein Bau, namentlich sein Rachen und dessen Bewehrung, zeigt, ein Raubtier; seine Beute sind namentlich große Tintenfische, die er aus beträchtlicher Tiefe erbeutet. In einzelnen Fällen sind in seinem Magen Teile von bisher noch unbekannten Ungeheuern gefunden worden, und gelegentlich findet man an seiner Haut die Spuren von geradezu furchtbaren Fangarmen, mit denen sich die Kraken gegen den Räuber zur Wehr gesetzt haben mögen.

Auch seinem gefährlichsten Gegner, dem Menschen, gegenüber ist der Potwal ein sehr wehrhafter Kämpfer, und namentlich in der noch nicht lange vergangenen Zeit, da man von Ruderbooten aus mit der von Hand geschleuderten Harpune den Kampf mit den Meeresriesen aufnahm, war die Jagd auf Potwale eine der gefährlichsten. Mit einem Schlage seines gewaltigen Schwanzes zertrümmert er ein solches Boot mühelos, und auch Fälle, in denen er es in seinem Rachen zermalmte, sind sicher überliefert. Gereizt und verwundet, hat er sogar öfters das Mutterschiff mit dem Schädel gerammt und erheblich havariert, ja sogar zum Sinken gebracht, wobei er freilich gewöhnlich auch sich selbst übel zurichtete. Durch viele Jahre berühmt und in Liedern gefeiert war ein riesiger Wal, der „Neuseeland-Tom“, der schon viele Angriffe überstanden hat und zahllose Harpunen in seinem Leibe tragen soll. Vor Jahren hat er gelegentlich eines von mehreren Schiffen auf ihn geführten Angriffes nach der Reihe 9 Boote vernichtet, wobei 4 Menschen ums Leben kamen.

Trotz allen Gefahren ist es aber der Gewinnsucht des Menschen gelungen, in vielen Wohnbezirken den früher häufigen Potwal zu einer Seltenheit zu machen, und es steht zu befürchten, daß die heutigen Fangmethoden die Ausrottung noch beschleunigen werden. Charakteristisch ist jedenfalls die Angabe, daß 1837 der Potwalfang 17 Millionen Mark einbrachte, 1908 aber nur noch eine halbe Million.

Von den Zahnwalen unterscheiden sich die Bartenwale grundlegend durch die höchst eigenartige Bildung, der sie ihren Namen verdanken, neben manchen anderen Merkmalen. Die Barten sind hornige, meist dreikantige Platten, die vom Oberkiefer und Gaumen herabhängen und bei geschlossenem Rachen mit ihren vielen borstenartigen Fransen ein dichtes Filter bilden, durch das zwar das Wasser ablaufen kann, aber selbst die recht kleinen Planktontiere, die die Nah-

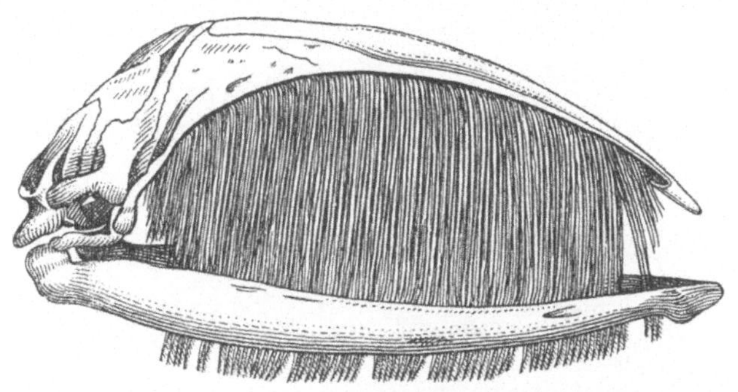

Abb. 10. Schädel eines Bartenwales. Aus Claus-Grobben.

rung dieser Riesen bilden, zurückgehalten werden. Bei den größten Arten zählt man jederseits bis zu 400 Barten, deren längste, die in der Mitte des Oberkiefers stehen, beim Grönlandwal bis zu 5 m Länge erreichen. Es wurde wiederholt beobachtet, wie die Tiere sich mit weitgeöffnetem Rachen auf die Seite warfen, so daß er sich mit Wasser und den darin enthaltenen Nährtieren füllt, hierauf mit geschlossenem Maul wieder aufrichten. In dieser Lage umgreift der breite Unterkiefer überall den Oberkiefer, so daß die Fransen der Barten der Zunge anliegen. Diese, ein enormes, mit ungeheuren Fettpolstern ausgestattetes Gebilde, das bei den größten Arten bis zu 400 kg wiegt, wölbt sich dann gegen den Gaumen zu und füllt die ganze Mundhöhle aus, so daß das Wasser aus ihr, durch das Filter der Barten, hinausgetrieben wird. Tatsächlich leben diese größten Tiere unseres Planeten zum großen Teil von winzigen Planktonorganismen, wie kleinen Flügelschnecken und Krebschen. Unter diesen, speziell den Hüpferlingen, ist die etwa 4 mm lange Art Cetochilus septentrionalis die wichtigste für die Wale der nordischen Meere und wird daher von den norwegischen Fischern „Walaat“ (aat von essen) genannt. Man kann sich denken, daß ungezählte Millionen solcher kleiner Tiere zur Sättigung eines Wals von 150000 kg Gewicht nötig sind, und daß er sich nur dort versorgen kann, wo die Scharen der Planktontiere das Wasser dicht erfüllen, wie dies in den

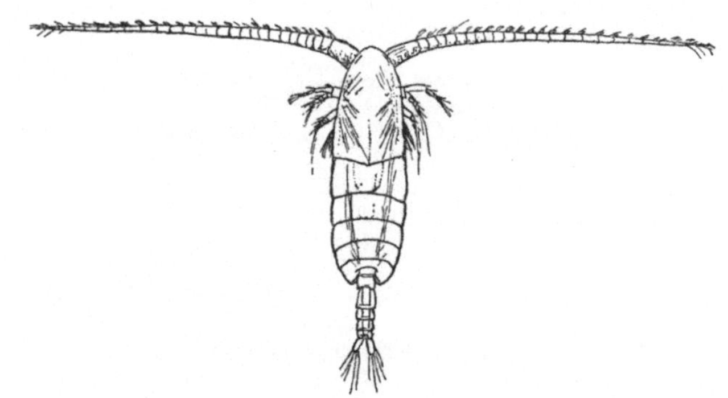

Abb. 11. Ein Ruderkrebs. (Nach Hentschel.)

arktischen Meeren der Fall ist. Immerhin erscheinen einzelne Exemplare auch in den südlicheren Meeren, wie in der Ostsee oder im Mittelmeer; ein Zwergwal (der immerhin bis zu 10 m lang werden kann) hat sich sogar 1880 bis nach Batum am Schwarzen Meere verirrt. Allerdings ist der Zwergwal mehr Fisch- als Planktonfresser, wie übrigens auch verschiedene andere Arten.

Die Barten, ein unübertrefflich zähes und elastisches Material, das für die Damenkorsette durch nichts zu ersetzen war, sind bis vor kurzem ungemein hoch bezahlt worden; die besten Sorten, die riesigen Barten vom Grönland- und vom Biskayawal, waren teurer als Elfenbein und haben einen wesentlichen Anreiz zu der übermäßigen Verfolgung dieser heute schon sehr seltenen Tiere gegeben — natürlich neben dem wertvollen Tran, von dem einzelne Stücke bis zu 30000 l liefern. Heute sind die Barten so gut wie wertlos, dagegen hat die fortschreitende Technik eine immer vollständigere Ausnutzung des übrigen Körpers ermöglicht. Ein Vergleich zwischen Walfang und Walverwertung früher und heute wird dies erläutern.

Schon im 14. Jahrhundert sind die Basken auf Walfang

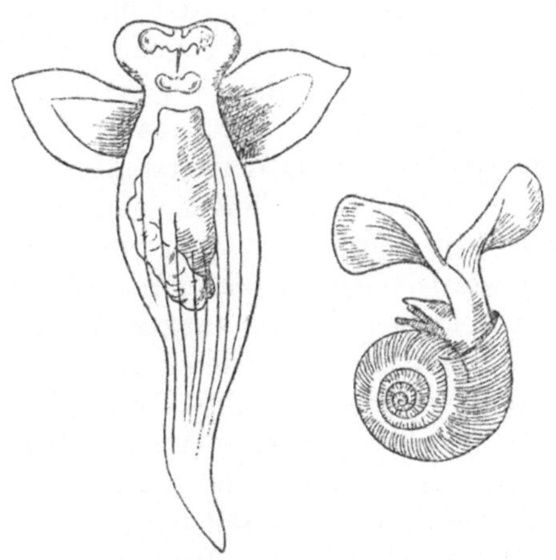

Abb. 12. Flügelschnecken. (Nach Hentschel.)

ausgefahren, zuerst nur im Golf von Biskaya, aber schon seit 1372 in die nordischen Meere. Englische und holländische Schiffe sind ihnen bald gefolgt, später auch die Amerikaner, bis zuletzt die Norweger den größten Teil dieses einträglichen Gewerbes an sich brachten. Durch mehr als fünf Jahrhunderte ist das Verfahren sich im wesentlichen gleichgeblieben. Das Walschiff setzte angesichts einer aufgefundenen Herde Boote aus, die sich dem Beutetier so weit nähern mußten, daß der Harpunier seine mit Widerhaken bewehrte Lanze dem Tiere in den Leib schleudern konnte.- Der in rasender Fahrt in die Tiefe gehende Wal nahm die Hunderte von Metern lange Leine mit und schleppte an ihr das Boot stundenlang hinter sich her; die Kunst des Steuermannes bestand darin, vorauszusehen, wo das Tier wieder auftauchen werde, und es so einzurichten, daß es bei dieser Gelegenheit von einer zweiten, dritten usw. Harpune getroffen werden konnte. Der Tod des Tieres aber mußte fast immer durch eine nicht geworfene, sondern dem vorbeistürmenden Wal hinter der Brustflosse tief in die Lunge gestoßene lange Lanze bewirkt werden. Meist hatte das Tier, bis es so weit kam, mehrere Boote im Schlepptau. Daß diese Art der Jagd sehr gefährlich war und nicht selten zur Zertrümmerung von Booten und zum Tode der kühnen Jäger führte, liegt auf der Hand. Der erlegte Wal mußte nun längsseits neben dem Schiff festgemacht werden, worauf eine Art Brettergerüst von Deck herabgelassen wurde, von dem aus der Speck in einem langen, spiralig um das Tier herumführenden Streifen gelöst und mit Flaschenzug an Bord gebracht wurde. Hier wurde er in Würfel geschnitten und in großen Kesseln der Tran ausgekocht. Die wertvollen Barten wurden mit Äxten losgetrennt, nachdem der Oberkiefer an Bord gebracht war, beim Potwal die Zähne vom Unterkiefer. Gewöhnlich wurde dann der Rest losgelöst. Daß, namentlich bei unruhiger oder gar stürmischer See, diese Arbeit alles war, was geleistet werden konnte, ist klar. Dazu kamen die nicht seltenen Angriffe von Haien oder Mordwalen, die unter den Augen der arbeitenden Männer sich ihr nicht bescheidenes Teil der Beute holten.

Eine bessere Ausnutzung der Beute war natürlich beim Fange nahe der Küste möglich, oder gar dann, wenn man die Tiere zum Stranden bringen konnte. Am Lande war eine erhebliche Vermehrung der Tranausbeute, ein Auskochen des fetten und ein Verwerten des mageren Fleisches zu Konsumzwecken möglich. Die Knochen wurden, ebenso wie das Fleisch, vermahlen und nach der Entfettung zu Futter- oder Düngemitteln verarbeitet. Bedeutend lukrativer und weniger gefährlich wurde die Jagd seit der Erfindung der Harpunenkanone 1867; heute wird mit der Harpune, die ein starkes Tau nach sich zieht, eine Sprengladung in den Leib des Wals geschossen, die erst beim Straffziehen des Taues explodiert und unter Umständen den raschen Tod des Tieres bewirken kann. Gleichzeitig klappt ein Kranz mächtiger Widerhaken hinter der Spitze auf und verhindert das Herausfallen der Harpune. Seitdem diese Einrichtung allgemein die von Hand geschleuderte Harpune ersetzt hat, jagt man nicht mehr mit Ruderbooten, sondern von Dampfern aus. Daß aber noch immer sehr große Geschicklichkeit dazu gehört, auf einen Wal zum Schuß zu kommen, erhellt daraus, daß die heutigen Harpunenkanonen kaum je eine Distanz von mehr als 10 m bewältigen können. Auch der schwer getroffene Wal zieht noch das Fangschiff, selbst wenn dic Maschine vollen Gegendampf gibt, mit Dampfschiffgeschwindigkeit hinter sich her, und sehr oft bedarf es mehrerer Treffer, um ihn zu töten. Manche Walarten, darunter die größten, versinken nach dem Tode und müssen daher durch eine besondere Vorrichtung gleich mit Luft aufgeblasen werden, was aber wieder seine Nachteile hat. Denn dadurch werden Bakterien in das Innere des Körpers gebracht und die Zersetzung der enormen Fleischmasse beschleunigt, was nicht nur zu furchtbarer Geruchsbelästigung führt, sondern auch leicht die Qualität des Trans herabsetzt. Eine wirklich rationlle Ausnutzung des gesamten Kadavers in den vielen Fällen, in denen er nicht zu einer Landstation geschleppt werden kann, ist erst seit wenigen Jahren möglich, nämlich seitdem die Norweger schwimmende Fabriken ausgerüstet haben, große Schiffe mit modernen Einrichtungen zum Transieden, Knochenzerkleinern, Leimsieden, kurz, mit einer Anzahl besonderer Apparaturen, die es gestatten, jeden Teil des Beutetieres restlos zu verarbeiten. Mit ungeheuren Dampfwinden und vielfachen Flaschenzügen wird der Leib des getöteten Riesen über eine bis zum Wasserspiegel reichende schiefe Ebene an Deck gebracht. Ein solches Fabrikschiff ist gewöhnlich von einem Geschwader von Fangschiffen begleitet, die die erlegten Wale heranbringen. Eine derartige Expedition, bestehend aus einem Fabrikschiff von 15000 Tonnen, mit 180 Mann Besatzung und Tanks für 60000 Faß Tran (à 65 l) und 4 Fangbooten von 35 m Länge und einer Besatzung von je 12 Mann, die im antarktischen Sommer 1926/27 im Roßmeer gearbeitet hat, erlegte im ganzen 453 Finn- und Blauwale und brachte 37000 Faß Tran heim.

Ganz neuerdings wird auch schon Walfleisch, das an den Küsten von den Anwohnern seit jeher gern gegessen wird, in entsprechend gekühltem Zustande von der Antarktis nach Europa gebracht, um dem menschlichen Genusse zugeführt zu werden. Vor einigen Jahren betrug die erste Sendung, die gute Aufnahme fand, 50000 kg. Daß aber das Fleisch in wirklich bedeutendem Maße zur Ernährung der Binnenlandbevölkerung beitragen werde, ist wohl kaum zu erwarten; vermutlich werden ja die Wale nicht mehr allzu lange in großem Maßstabe gejagt werden können. Charakteristisch ist es, daß derartige Expeditionen schon das südlichste Meer, das wir kennen, das durch eine riesige Barriere von Packeis abgeschlossene Roßmeer zwischen 70 und 80^0 südlicher Breite, aufsuchen muß, um sich austoben zu können. Wenn schon der frühere primitive und gefährliche Fangebetrieb genügt hat, die Wale der nordischen Meere bis auf kümmerliche Reste auszurotten und auch die Herden der wärmeren Zonen furchtbar zu dezimieren, so muß man von Expeditionen, wie der oben erwähnten, noch viel raschere und gründlichere Arbeit erwarten, wenn auch von den beteiligten Kreisen immer wieder versichert wird, die südlichen Fanggründe seien unerschöpflich und eine Ausrottung der dortigen Großwale nicht zu befürchten.

Freilich, auch in der früheren Zeit hat die Habgier des Menschen getan, was nur möglich war. Im 17. und 18. Jahrhundert brachte der nordische Walfang riesige Reichtümer nach Hamburg und nach Holland. Die Niederländer schickten von 1676—1722 im ganzen 5886 Fangschiffe nach der Arktis, die 32907 Wale im Gesamtwerte von 300 Millionen Mark erbeuteten; die Amerikaner von 1835—1872 hauptsächlich in die wärmere Zone beider Meere 19943 Fangschiffe (wobei wohl jede von einem und demselben Schiff unternommene Fangreise gezählt sein muß) mit einer Gesamtausbeute von 3865 Potwalen und 2875 Bartenwalen, die 3671772 Faß Walrat und 6553014 Tonnen Tran im Werte von 272 Millionen Dollars heimbrachten. Zu den erlegten Tieren wird man noch wenigstens 20% verlorene und später ihren Verwundungen erlegene rechnen müssen. Ist es da ein Wunder, wenn ein sich so langsam und spärlich fortpflanzendes Tier der völligen Vernichtung entgegengeht?

Tatsächlich spielen die Wale der Arktis in der Tranproduktion der Welt heute nur noch eine ganz untergeordnete Rolle, und im südlichen Stillen Ozean ist die früher ungemein ergiebige Jagd auf den Südwal, einen nahen Verwandten des Grönlandwals, wegen Unergiebigkeit schon aufgegeben worden. Nicht viel anders steht es mit den großen atlantischen Arten, dem Grönlandwal und seinem Bruder, dem Biskayawal, ebenso mit dem Potwal. Und nicht mehr weit von diesem Schicksal ist der von den Amerikanern neuerdings an der Küste von Alaska intensiv verfolgte gewandte Springer, der seltsam gestaltete Buckelwal. Wirklich ergiebig sind nur noch die Fanggründe der Antarktis, wo auf den einsamen Inseln, wie Südgeorgien, Südshetlandsinseln u. a. große modern eingerichtete Tranfabriken entstanden sind. Einer neueren Publikation ist zu entnehmen, daß ein Fabrikschiff, um voll beschäftigt zu sein, täglich 15—20 Stück verarbeiten muß, und zwar werden hier gerade die größten Bartenwalarten, der Blauwal und seine näheren Verwandten aus der Gruppe der Finnwale, erlegt.

Die internationale Walfangsstatistik von 1930 weist folgende Zahlen aus:

Jahr	Zahl der Wale	Fässer Tran
1919 bis 20	11369	407327
1920 „ 21	12174	471141
1921 „ 22	13940	639276
1922 „ 23	18120	817314
1923 „ 24	16839	716246
1924 „ 25	23253	1040408
1925 „ 26	28193	1152536
1926 „ 27	23915	1176382
1927 „ 28	23224	1319294
1928 „ 29	27566	1867848

Man sieht, daß die gewonnene Tranmenge in viel höherem Maße ansteigt als die freilich auch ständig wachsende Zahl der erlegten Tiere. Nun hat diese ständige Erhöhung der Produktion zu einem überraschenden Resultat geführt. Das große Konsortium, das bisher fast die gesamte Welterzeugung an Waltran aufkaufte und im wesentlichen der Margarinefabrikation zuführte, hat im Frühjahr 1931 eine Überfüllung des Marktes konstatiert und erklärt, in der nächsten Saison nicht als Abnehmer auftreten zu können.

Vielleicht darf man sogar hoffen, daß der so wenig lohnende Fang in den nördlichen Meeren ganz eingestellt wird, so daß die noch nicht ganz ausgerotteten Arten sich allmählich wieder erholen können. Außer dem Bestreben, die Verarmung unserer Tierwelt, und gerade ihrer großartigsten und interessantesten Vertreter, künftigen Generationen zu erhalten, würde natürlich die Wissenschaft eine solche Entwicklung freudigst begrüßen. Aus London kommt jetzt eben die Kunde, daß dort im Herbst 1931 ein imposantes Walmuseum eröffnet werden soll. Hoffen wir, daß es noch nicht zu spät kommt, um ein möglichst vollständiges Material dieser so schwer bedrohten Tiergruppe zur Schau stellen zu können!

Die Seekühe.

Schlimmer noch als den Walen hat die unüberlegte Raubgier des Menschen einer anderen Gruppe von wasserlebenden Säugetieren, den Sirenen oder Seekühen, mitgespielt. Auch diese Tiere sind ohne Zweifel nachträglich zum Leben im Wasser übergegangene Abkömmlinge landlebender Formen, die man heute als Verwandte der Elefanten, mit denen sie die unmittelbaren Vorfahren gemeinsam haben, betrachtet. In ihrer äußeren Erscheinung haben sie viel Gemeinsames mit den Walen, zu denen man sie früher rechnen wollte: auch sie haben einen fischförmigen Körper, Brustflossen, die aus den Armen entstanden sind, keine Hintergliedmaßen, eine quergestellte Schwanzflosse. Auch sie besitzen eine ungemein starke Speckschicht unter der Haut, die ihnen das

Schwimmen erleichtert bzw. ihr Gewicht dem des Wassers nähert und als Wärmeschutz fungiert. Neben verschiedenen anatomischen Charakteren, die, wie z. B. die Beschaffenheit des Gebisses, eben auf ihre Abstammung hinweisen, unterscheiden sie sich besonders auch durch ihre Ernährungsweise von den Walen. Sie sind reine Pflanzenfresser, sie weiden besonders die grobe Unterwasserflora, Tange und dergleichen, ab und sind äußerst gefräßig. Im übrigen sind sie plump, träge, stumpfsinnig und friedfertig.

Gegenüber den Walen freilich sind die Seekühe klein, an sich aber doch recht stattliche Tiere von mehreren Metern Länge und einigen 100 kg Gewicht. Von den ursprünglich drei vorhandenen Familien ist eine, die der Lamantine, in einigen Arten im tropischen Süd- und Mittelamerika und in einer Art in Afrika zu Hause, diese letztere in Flüssen und Seen. Auch die amerikanischen Arten gehen häufig weit in die Flüsse hinauf und machen sich hier und in Sümpfen heimisch. Von den Eingeborenen in ihrer Heimat werden sie beim Auftauchen zum Atemholen mit Pfeilen oder Harpunen erlegt. Da und dort wird das Fleisch gern gegessen, fast überall das sehr wohlschmeckende Fett geschätzt, das übrigens auch vielfach zu Beleuchtungszwecken Verwendung findet. Die Haut wird zu Riemen verarbeitet. Die Familie der Dugongs, die an den Küsten des Indischen Ozeans in mehreren Arten verbreitet ist, wird z. B. von Malaien und Abessiniern wegen des Fleisches und Fettes, auch wegen der dicken Haut gejagt, die Sandalen liefert. Angeblich soll die Bundeslade der alten Israeliten mit Dugongleder beschlagen gewesen sein.

Schon vor mehr als hundert Jahren ist die einzige Art der dritten Familie, die „Stellersche Seekuh“, auf geradezu unverantwortliche Weise ausgerottet worden. Der 1741 an der bis dahin unbekannten Beringsinsel im nördlichen Stillen Ozean, östlich von Kamtschatka, mit seiner Mannschaft gestrandete Forschungsreisende Steller hat dieses interessante Tier — man möchte sagen, leider — entdeckt und beschrieben. Die Seekühe, die damals in großen Mengen bei den Inseln und an den Küsten Kamtschatkas lebten, 8—10 m lang und angeblich bis zu 20000 kg schwer wurden und wegen der eigenartigen Beschaffenheit ihrer Haut auch als Borkentiere bezeichnet wurden, waren friedliche Pflanzenfresser der Uferzone.

Während des unfreiwilligen Aufenthaltes Stellers und seiner Gefährten auf der öden Insel, der fast ein Jahr währte, mußten insbesondere die Seekühe die Ernährung der Leute bestreiten, und es scheint, daß die begeisterte Schilderung, die Steller von dem Fettreichtum der Tiere und von dem Wohlgeschmack und der Bekömmlichkeit ihres Fleisches gab, Wal- und Robbenfänger und andere Abenteurer in Masse angelockt hat, die binnen wenigen Jahrzehnten bei der mühelosen Schlächterei die vollständige Ausrottung der Art bewirkt haben. Schon um 1770 scheint dieses edle Werk vollendet gewesen zu sein. Heute sind Skelettreste der Stellerschen Seekuh, die von den Schlächtern achtlos liegengelassen wurden, Museumsstücke von unschätzbarem Werte. Nordenskiöld hat z. B. von seiner berühmten Vegafahrt 1878/79, also mehr als 100 Jahre nach dem Verschwinden des lebenden Tieres, noch drei vollständige Schädel heimbringen können.

Die Robben.

Auch die dritte Gruppe der im Meere lebenden Säugetiere, die Robben, die man auf bärenähnliche Vorfahren zurückführt, zeigen sehr weitgehende Anpassungen an das Wasserleben. Auch bei ihnen sind die Vorderfüße in Flossen umgestaltet, und am Hinterende ist ein starker Propeller vorhanden, der ganz ähnlich wirkt wie die Schwanzflosse der Wale, aber auf ganz andere Weise entstanden ist: es sind die ganz nach hinten nahe aneinandergerückten Hinterbeine, die zusammen wie eine einheitliche Flosse wirken. Die Robben sind ausgezeichnete Schwimmer, die sich nahezu unbegrenzt lange Zeit fern vom Lande aufhalten können; viele von ihnen besuchen eigentlich nur zur Fortpflanzungszeit auf etwa drei Monate das Land, auf dem sie sich nur sehr unbehilflich fortbewegen können. Alle Robben sind Fleischfresser, die hauptsächlich Fische, aber auch andere Seetiere und gelegentlich auch Vögel fressen.

Auch die Robben besitzen eine sehr bedeutende Speckschicht, ganz besonders natürlich die arktischen und antarktischen Arten, und ihr verdanken sie zum großen Teil die unbarmherzige Verfolgung durch die Menschen, der auch hier schon manche Arten ganz oder fast ganz zum Opfer gefallen sind. Der arktische Mensch, insbesondere der Eskimo, ist ja zur Fristung seines Lebens zum sehr großen Teil auf die Robbenjagd angewiesen, die er hauptsächlich mit der Harpune betreibt. Ihm liefern diese Tiere fast alles, was er zum Leben braucht, Fleisch und Tran, Pelz und Leder, die Knochen als Material zu verschiedenen Werkzeugen, den Darm als Ersatz für Fensterglas oder als Stoff zu wasserdichten Kleidungsstücken. Beim Walroß kommen auch noch die großen, nach abwärts gerichteten Hauer des Oberkiefers in Betracht, die ein Elfenbein liefern, das freilich dem der Elefanten nicht ebenbürtig ist. Die primitiven Völker der Arktis haben gewiß niemals den Bestand der für sie unentbehrlichen Tiere bedroht; erst dem Europäer mit seinen vollkommenen Mordwaffen und seinem höchst unvollkommenen Gewissen gegenüber seinen Mitgeschöpfen war es vorbehalten, manche Arten zur Seltenheit zu machen, unbekümmert auch darum, ob er damit manche Eskimofamilie dem Hungertode nahebrachte.

An der pazifischen Küste Amerikas, wo im allgemeinen das Wasser ziemlich kalt ist, haben Robbenarten die Küsten und Inseln selbst in der Gegend des Äquators in ungeheuren Scharen besiedelt, sind aber an den meisten Orten schon ausgerottet. Tausende und aber Tausende von Fässern mit Tran und zeitweise jährlich Hunderttausende der als Pelzwerk geschätzten Seelöwenfelle sind nach Neuyork gebracht worden, bis es mit dem Reichtum zu Ende war. Auch den Seebären, die einen der feinsten und kostbarsten Pelze, den echten Seal, liefern, wäre es beinahe nicht besser ergangen, hätte nicht im letzten Augenblick die Regierung der Vereinigten Staaten eingegriffen. Schon in den Zeiten, als Alaska noch russischer Besitz war, kamen die Seebären im Frühjahr in riesigen Scharen zu ihren Landplätzen (rokeries) auf den Pribylowinseln, wo die Weibchen die im vorigen Jahre hier erzeugten Jungen nach fast einjähriger Tragzeit werfen, die alten Bullen ihre grimmigen Kämpfe um einen guten Wohnplatz und einen Harem von einigen Dutzend Weibchen auskämpfen, während die jungen, 2—5jährigen Bullen, von ihren älteren Geschlechtsgenossen überall vertrieben, ein mißvergnügtes Junggesellenleben führen müssen und kaum das Land betreten dürfen.

Die Leichtigkeit, mit der man die unbehilflichen Tiere, wenn man sie nur erst vom Meere abgeschnitten hat, landeinwärts treiben und an passender Stelle erschlagen und abhäuten kann, hat zu furchtbaren Schlächtereien geführt, die den Bestand der Art in Frage zu stellen drohten. So wurden 1803 auf Unalaschka (Aleuten) 800 000 Felle zusammengebracht, von denen dann 700 000 vernichtet wurden, um den Preis zu halten. Auch unter amerikanischer Herrschaft ist noch lange Zeit in unverantwortlicher Weise gehaust worden; die Ausbeute auf den Pribylowinseln betrug in der Zeit von 1786—1910 im ganzen 4¼ Millionen Stück. Noch viel gefährlicher aber war die vollkommen unkontrollierbare Jagd auf hoher See, bei der die Tiere, Männchen und trächtige Weibchen, geschossen wurden, wobei mehr Robben ungenutzt versanken oder später ihren Wunden erlagen, als erbeutet wurden. Es hat viel Mühe gekostet, diesem Unfug zu steuern. Im Jahre 1910, als die Pribylowherde von schätzungsweise 4 Millionen auf etwa 200 000 Stück zusammengeschmolzen war, übernahm die amerikanische Regierung den Betrieb in eigener Regie; sie läßt nur junge Bullen, sogenannte Junggesellen, schlagen und bestimmt jährlich die erlaubte Anzahl. Dies Verfahren hat Früchte getragen; die sorgfältigen Schätzungen ergaben:

Jahr	Bestand der Herde	erbeutete Felle
1912	215 738	3191
1915	363 871	3947
1920	552 718	26 648
1925	723 050	19 860
1929	971 527	40 068
	jährlicher Durchschnitt	19 020

Heute soll der Bestand wieder mehr als eine Million betragen. Auch hier bildet natürlich der Tran eine wichtige Nebennutzung.

Auch die riesigen Elefantenrobben, von denen ein alter Bulle bis zu 3000 kg schwer werden soll, sind in ihrem Verbreitungsgebiet, das vom äußersten Süden bis nach Kalifornien reichte, sehr stark eingeengt worden. Früher waren sie wenigstens auf den einsamen, von Menschen unbewohnten Inseln der Antarktis sicher; heute finden auch dort Schlächtereien statt, und die Bestände sind schon sehr gering geworden. Vielleicht wird auch ihnen die Übersättigung des Marktes mit Tran, so wie den Walen, eine Atempause verschaffen.

Auch die eigentlichen Seehunde, kleinere Robben, die mehr an den Küsten zu Hause sind und z. B. den Besuchern der Nord- und Ostseebäder gut bekannt sind, werden neuerdings wegen ihres Felles mehr als früher verfolgt, da es sonst nur für Tornister usw. verwendet wurde. Allerdings spielt hier auch die recht fühlbare Schädigung der Fischerei mit, da überall, wo sich die Seehunde stark vermehren, die Fischer klagen, daß ihnen die Lachse und Kabeljaus von der Angel und aus den Netzen weggefressen, die Netze oft auch zerrissen werden. Es findet daher ein beständiger Kampf zwischen den Fischern, die die Robben verfolgen, und den Naturschutzinteressenten statt, die die schönen Tiere erhalten wissen wollen. Neuerdings sind an den deutschen Küsten Schonvorschriften in Geltung.

Von besonderem Interesse sind die Seehunde großer Binnenseen und -meere, wie des Aralsees, des Kaspischen Meeres, des Baikalsees, die auf eine in früheren Erdperioden bestandene offene Verbindung dieser Gewässer mit dem nördlichen Eismeere hinweisen.

Die Schildkröten.

Nicht viel besser als die großen Seesäugetiere sind die Meerschildkröten daran: auch sie sind durch die gedankenlose Gier und die Mordlust des Menschen von der Ausrottung in nicht allzu ferner Zeit bedroht, die ja leider schon die Riesenformen unter den Landbewohnern, die Elefantenschildkröten, getroffen hat. Und auch hier handelt es sich wieder um eine ganz besonders interessante Gruppe von Tieren, deren Verschwinden eine ungemein bedauerliche Lücke in der Organismenwelt zurücklassen würde.

Die Schildkröten sind ja eine ganz besonders merkwürdige und von allen anderen abweichende Lebensform. Die Kapsel aus Knochenschildern, die Rücken und Bauch bedeckt, alle inneren Organe schützt und ein meist recht vollkommenes Zurückziehen auch des Kopfes und der Extremitäten in ihren Schutz zuläßt, ist eine Erscheinung, die unter allen heute lebenden Wirbeltieren ganz vereinzelt dasteht. Freilich ist der Schutz, den das Tier in dieser seiner Festung genießt, durchaus nicht gegen alle Angreifer so vollkommen, wie man bei seinem Anblick glauben sollte. Die weichhäutigen Verbindungen zwischen Rücken- und Bauchpanzer, die eben den Durchtritt von Kopf und Beinen gestatten, bieten z. B. vielen katzenartigen Raubtieren einen Angriffspunkt, von dem aus mit einer höchst erstaunlichen Geschwindigkeit der gesamte Fleischkörper mittelst der Pranken herausgerissen wird. Kleinere Formen werden von verschiedenen Tieren durch Zertrümmerung des Panzers bezwungen, die Jungtiere vielfach ganz verschlungen. Der schlimmste Feind fast aller, namentlich der größeren Schildkrötenarten, ist ohne Zweifel der Mensch.

Während die eigentlichen Landschildkröten, wie z. B. die schon erwähnten Elefantenschildkröten oder die in Südeuropa heimische griechische Landschildkröte, meist einen ganz flachen Bauch- und einen hochgewölbten Rückenpanzer besitzen, sind die Seeschildkröten flachgewölbt. Der knöcherne Panzer ist mit Hornschildern bedeckt, die bei den meisten Arten mit ihren Rändern fest zusammenschließen, bei einzelnen aber, wie bei den Carettschildkröten, ungefähr wie Dachziegel angeordnet sind; bei einigen Formen ist der Panzer von einer zusammenhängenden, lederartigen Haut überzogen. Kopf und Beine tragen gewöhnlich kleinere Schilder oder Schuppen. Auch die zahnlosen Kiefer sind mit Horn überzogen und bilden meist eine Art Vogelschnabel, der bei den großen Arten eine ungeheure Gewalt entwickeln kann.

Besonders interessieren uns hier die Seeschildkröten, meist große Formen, deren Extremitäten zu flossenartigen Ruderplatten umgebildet sind, mit denen sie außerordentlich gewandt und elegant schwimmen. Auch ihr Tauchvermögen, ihre Fähigkeit, lange den Atem anzuhalten, ist bedeutend.

Die großen Meerschildkröten sind fast in allen warmen Meeren zu finden, eine Art auch im Mittelmeer. Sie sind teils Tang-, teils Fleischfresser, werden oft Hunderte von Seemeilen von jeder Küste entfernt angetroffen und betreten das Land wohl nur zur Eierablage. Über ihre Lebensweise sind wir nicht eben besonders gut unterrichtet. Am bekanntesten ist wohl die Suppenschildkröte, ein Tier von mehr als 1 m Panzerlänge und einem Gewicht bis zu 450 kg, das wegen seines köstlichen Fleisches überall verfolgt und vielfach auch lebend nach Europa in die großen Städte mit ihren Luxusrestaurants gebracht wird. Auf tropischen Lebensmittelmärkten ist sie eine regelmäßige Erscheinung. Die fast beispiellose Lebenszähigkeit dieser Tiere, die z. B. nach der Enthauptung noch wochenlang umherkriechen können, führt leider zu den schlimmsten Grausamkeiten. Auf indischen Märkten soll man nicht selten solche Tiere sehen, die durch Durchsägen der knöchernen Verbindungsbrücken zwischen Bauch- und Rückenpanzer geöffnet wurden und deren Fleisch nun stückweise herausgeschnitten und verkauft wird, ohne daß auch nur ein Versuch zu ihrer Tötung gemacht worden wäre. Der kürzeste und beste Weg, sie zu töten, ist ihre Einbringung in eine Kältemischung, da sie gegen Kälte überaus empfindlich sind.

Der Fang wird überall betrieben, wo man sie auf dem Meere antrifft, ist aber bei ihrer Vorsicht und ihrer wunderbaren Schwimm- und Tauchfähigkeit nicht leicht. Unter den angewandten Methoden sei nur eine als besonders originell erwähnt. Man findet eine große Seeschildkröte oft an der Oberfläche des Meeres ganz ruhig im Sonnenschein liegen und anscheinend schlafen. Es ist aber gar nicht leicht, sich ihr unbemerkt so weit zu nähern, daß man sie ergreifen oder eine Seilschlinge um sie werfen könnte; meist wird sie schon vorher aufmerksam und entzieht sich rasch der Verfolgung.

Da bedient man sich nun in den verschiedensten Meeresteilen, wie z. B. in der Torresstraße zwischen Australien und Neuguinea, an der ostafrikanischen Küste bei Sansibar, und in Westindien, eines höchst merkwürdigen Fisches zum Schildkrötenfang. Es ist dies eine große, etwa einen Meter lange, in den tropischen Meeren heimische Art der Gattung Echeneis, des Schiffshalters. Der viel kleinere, im Mittelmeer vorkommende Schiffshalter ist schon den alten Römern durch seine sonderbare Lebensweise aufgefallen. Dieser Fisch trägt an der Oberseite des Kopfes und Nackens einen großen, flachen, ovalen Saugnapf, mit dem er sich bei jeder sich ihm bietenden Gelegenheit an Schiffen, Haifischen oder sonstigen im Wasser treibenden Tieren oder Gegenständen ansaugt und oft auf sehr weite Strecken transportieren läßt. Der große Schiffshalter nun wird von den Schildpattjägern mit der Angel gefangen und zum Schildkrötenfang präpariert. Mit der ihnen eigenen robusten Empfindung fremden Leiden gegenüber bohren sie ihm oberhalb des Schwanzes ein Loch durch den Leib, ziehen eine starke Schnur durch und befestigen sie gut. Ein paar solcher Schiffshalter werden nun auf möglichst weite Entfernung nach der schlummernden Schildkröte geschleudert, saugen sich sofort fest und werden langsam und vorsichtig samt der Gefangenen herangezogen.

Viel ergiebiger ist aber der Fang zur Laichzeit, wenn die Weibchen nach der Paarung sich aufs Land begeben, um hier im Laufe einiger Wochen ihre Hunderte von Eiern in einer selbstgefertigten Sandgrube zu deponieren und der Ausbrütung durch die Wärme zu überlassen. Sobald das Tier sich weit genug vom Wasser entfernt hat, ist es wehrlos: man braucht es nur auf den Rücken zu legen, um seiner sicher zu sein, da es unfähig ist, sich selbst wieder umzudrehen. Sehr häufig wird hier von den Fängern nicht abgewartet, bis die Eier abgelegt sind, so daß hieraus allein schon eine schwere Beeinträchtigung der Bestände erfolgen muß. Überdies aber werden die Eier fast aller Schildkröten als Delikatesse sehr hochgeschätzt und daher von den Menschen massenhaft ausgegraben und gesammelt. Das muß natürlich über kurz oder lang zu einer Ausrottung der wertvollen Tiere führen. Ganz ähnlich wird den Eiern der meisten größeren Süßwasserschildkröten nachgestellt, und im Amazonas- und Orinokogebiet sammeln die Indianer Millionen von Eiern der Arrauschildkröte, die ein treffliches, hochgeschätztes Öl liefern. Nicht besser geht es auch der zweiten wertvollen Art unter den Meerschildkröten, der echten Carette, die im erwachsenen Zustande besonders wegen des Schildpatts, aus dem die Hornschilder ihres Rückenpanzers bestehen, verfolgt wird.

Über die Genießbarkeit der Schildkröte selbst herrschen in den verschiedenen Gegenden sehr voneinander abweichende

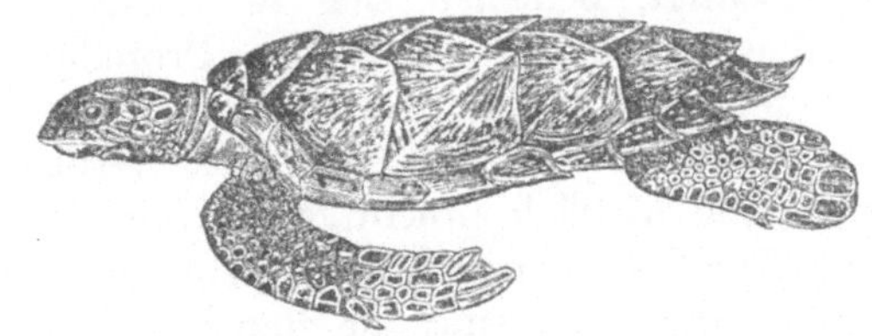

Abb. 13. Die echte Carettschildkröte. (Nach R. Hertwig.)

Meinungen; hier gilt ihr Fleisch als wohlschmeckend, ja sogar als heilkräftig, letzteres besonders das Fett, dort hält man es für ganz ungenießbar, sogar für giftig. In Gegenden, wo das der Fall ist, bekommt das aber der armen Schildkröte besonders schlecht. Man trachtet sich der Hornplatten ihres Panzers zu bemächtigen, ohne sie zu töten, weil man hofft, sie werde sie erneuern und so immer wieder Erträge liefern. Diese Ansicht, die auf den ersten Blick an die gedankenlose Roheit mancher Froschfänger erinnert, die den armen Tieren die Schenkel abreißen und sie dann wegwerfen, damit ihnen die Hinterbeine nachwachsen, ist vielleicht doch etwas weniger unbegründet. Versuche mit einigen Schildkrötenarten haben in der Tat ergeben, daß sie selbst ausgedehnte Defekte des knöchernen Panzers mitsamt den darübergelagerten Hornplatten zu ergänzen vermögen. Es wäre also vielleicht denkbar, daß auch die Carette die Hornschilder wieder neu bilden könnte. Ob sie aber die über alle Begriffe schändlichen Grausamkeiten wirklich überstehen kann, die zur Gewinnung derselben angewendet werden, erscheint mir doch recht zweifelhaft.

Das Schildpatt ist nämlich mit dem darunterliegenden Knochenpanzer fest verbunden und löst sich nur bei Anwendung hoher Hitzegrade leicht von ihm ab. Infolgedessen werden vielfach die unglücklichen Tiere über offenem Feuer aufgehängt und bis zur Erreichung des Zweckes lebend geröstet, worauf sie wieder ins Meer zurückversetzt werden. Bei der allen Schildkröten eigenen Zählebigkeit sterben sie zum mindesten nicht gleich an den Folgen der abscheulichen Mißhandlung. Da trockene Hitze die Qualität des Schildpatts leicht beeinträchtigt, bedienen sich die Chinesen vielfach kochenden Wassers zu einer ähnlichen Prozedur.

Von besonderem Werte sind nur die 13 großen Platten des Rückenschildes, die 3—6½ mm dick werden und bei guten Sorten eine wirklich prächtige Zeichnung aufweisen. Braun, mit gelber Flammenzeichnung, stellenweise rötlich bis rot und schön durchscheinend; die Bauchschilder sind rein gelb. Die Reinheit der Zeichnung, das Feuer der Farben und die Durchsichtigkeit der Platten wechseln stark und mit ihnen der Preis. Als die schönste Sorte gilt die von den Sundainseln, für die der Hauptstapelplatz Singapore ist.

Die Verarbeitung ist in vielen Richtungen möglich: die Platten können gespalten, aber auch in der Hitze und unter Druck so fest miteinander verbunden werden, daß man die einzelnen Teile weder unterscheiden noch wieder trennen kann. Erhitzt kann das Material in jede beliebige Form gepreßt oder gebogen werden und behält sie dann nach dem Erkalten bei; es können also auch kleine Reststücke noch gut verwendet werden.

Geringeren Sorten sucht man durch allerhand Beizen erhöhte Durchsichtigkeit und bessere Farben zu verleihen, und selbstverständlich hat es von alters her nicht an Versuchen gefehlt, das Schildpatt in billigerem Material nachzuahmen. Horn ist natürlich in ausgedehntem Maße hierzu herangezogen worden, ist aber weder so dicht noch so elastisch wie echtes Schildpatt und blättert leicht; auch die Nachahmungen in Zelluloid, die bisher auf den Markt gekommen sind, vermögen den Kenner nicht zu täuschen — leider. Es wäre gewiß zu wünschen, daß das Auftauchen einer vollkommenen Imitation das echte Material entwerten und die armen Tiere dadurch vor übermäßiger Verfolgung und vor den erwähnten niederträchtigen Quälereien schützen würde.

Die Auster.

Wenn von besonders raffiniertem Tafelluxus die Rede ist, so denkt man in Mitteleuropa unwillkürlich vor allem an die Auster, das köstliche Schalentier, und leicht verbindet sich damit der Begriff von Überfeinerung, fast von Verderbnis, die in Delikatessen einen Genuß sucht, vor denen der unverbildete Geschmack des soliden Bürgers ein leichtes Grausen empfindet. In den westlichen Ländern Europas freilich, und besonders in Amerika, ist das nicht so; ein austernessender Arbeiter ist dort nichts Auffallendes.

In dem 1803 erschienenen „Almanac des Gourmands“ von Grimod de la Reynière, der damals ein überaus hochgeschätztes Werk war, wird darauf aufmerksam gemacht, daß die Austern nach dem 6. Dutzend aufhören, den Appetit anzuregen. Es muß ein ganz respektabler Appetit gewesen sein, der nach dem 6. Dutzend noch nicht ganz und gar verschwunden war. 72 Stück solcher Austern, wie sie Feinschmecker auf ihre Tafel zulassen, stellen mindestens 1 1/2 Pfund einer konzentrierten, fett- und eiweißreichen Nahrung dar.

Wenn man sich einen rohen Überschlag des Weltkonsums an Austern während eines Jahres macht, so sieht man, daß sie nicht allein einen, an vielen Orten teuer bezahlten, Leckerbissen darstellen und deshalb eine gewisse Rolle in der Volkswirtschaft spielen, sondern daß sie auch, rein als Nahrungsmittel betrachtet, zur Sättigung des Menschen einen ganz beachtenswerten Beitrag liefern.

An den atlantischen, z. T. auch an den pazifischen Küsten

Nordamerikas stellen die verschiedenen dort heimischen Austernarten im Winter ein wirkliches Volksnahrungsmittel dar. Schon gegen Ende des vorigen Jahrhunderts schätzte man die Zahl der in Neuyork allein vom Austernhandel lebenden Familien auf mehr als 5000. Den Verbrauch Londons allein schätzte der 1876 verstorbene berühmte Zoologe Karl Ernst v. Baer auf nahezu 150 Millionen Stück; die gesamte britische Produktion wurde wenig später mit etwa einer Milliarde Stück angegeben, was bei einer sehr bescheidenen Schätzung des eßbaren Teiles immerhin 6—10 Millionen Kilo „Fleisch" darstellt.

Wir haben ja schon in der Einleitung gesehen, daß die Muscheln überhaupt einen für den Binnenländer überraschend großen Anteil zur Ernährung des Menschen beitragen, wobei freilich neben der Auster eine Unzahl anderer Muschelarten, an den Meeresküsten eigentlich fast alle dort auffindbaren, mitgerechnet werden müssen. Und da außerdem noch zahlreiche Gebrauchs- und besonders Schmuckgegenstände aus den Hartgebilden dieser Tiere gewonnen werden, lohnt es gewiß der Mühe, uns einen flüchtigen Überblick über die Organisation einer Muschel zu verschaffen. Am einfachsten wird dies gehen, wenn wir uns einen Querschnitt durch ein solches Tier, etwa eine der bei uns überall heimischen Teichmuscheln, geführt denken (Abb. 14).

Jedermann weiß, daß die Muscheln eine zweiklappige Schale besitzen, die den Körper ganz einschließt. Die beiden Klappen hängen durch das sog. Schloß oder Scharnier an einer Seite zusammen, an der anderen klaffen sie mehr oder weniger. In unserem Bilde ist das Scharnier nach oben gewendet. Wir können uns nun den Bau des Tieres recht gut klarmachen, wenn wir es mit einem Buche vergleichen. Der Rücken, an dem die Deckel und alle Blätter zusammenhängen, sei nach oben gerichtet. Die Deckel entsprechen den Schalenhälften des Tieres. Die ihnen folgenden, also das erste und das letzte Blatt, sind zwei häutige Lappen, die Mantellappen, die der Schale dicht anliegen und den übrigen Körper umhüllen; sie sind es, die die feste, aus Kalksalzen und anderen Bestandteilen gebildete Schale ausgeschieden und aufgebaut haben. Vom Mantel nach innen folgen jederseits wieder zwei Blätter, die Kiemenblätter, die bei Vergrößerung wie ein feines Gitter aussehen. Noch weiter nach innen folgt dann der eigentliche Körper des Tieres, der Eingeweide, Herz, Geschlechtsorgane usw. enthält, und meist gegen die offene Seite hin ein starkes, muskulöses Organ, den Fuß, der zwischen den Schalen hervorgestreckt werden kann und der Fortbewegung dient. Bei kriechenden Muscheln, wie unsere Teichmuschel, ist der Fuß meist beilförmig gestaltet, bei springenden Arten, wie z. B. der an allen Meeresküsten häufigen, artenreichen Gruppe der Herzmuscheln, wurmförmig. Einige wenige Arten übrigens können ihre Schalenhälften, wie Flügel, rasch auf- und zuklappen und dadurch schwimmen.

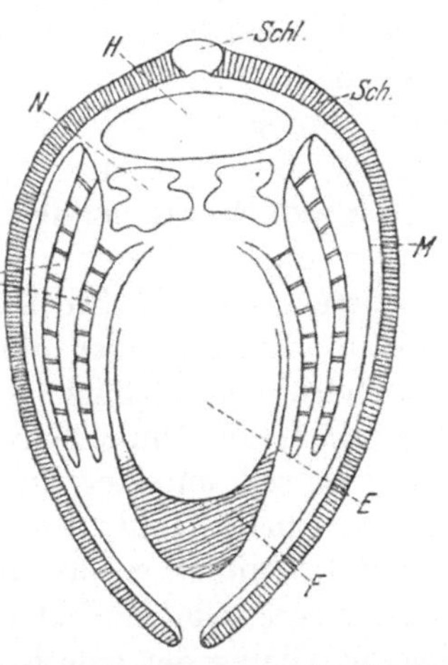

Abb. 14. Querschnitt durch eine Teichmuschel. (Nach R. Hertwig, vereinfacht.) *Schl.* = Schloß, *Sch.* = Schale, *M* = Mantel, *K* = Kiemenblätter, *H* = Herz, *N* = Niere, *E* = Eingeweidesack, *F* = Fuß.

Besonders zu erwähnen ist bei diesem kurzen Überblick noch der Schließmuskel (bei vielen Muscheln deren zwei), der quer durch das Tier von einer Schale zur anderen zieht und bei jeder Beunruhigung durch seine Zusammenziehung den festen Verschluß bewirkt. Jedermann, der schon eine nichtgeöffnete Auster in der Hand gehabt hat, weiß, wie stark dieser Muskel ist. Kein Mensch ist imstande, ohne Hilfsmittel, nur mit der Kraft seiner Hände, den Zug des Muskels zu überwinden. Soll die Auster geöffnet werden, so führt man zwischen die beiden Schalenhälften, die nie ganz hermetisch aufeinander passen, eine dünne Messerklinge ein, fährt damit an einer Schale entlang und schneidet den Muskel durch, worauf sich die Schale leicht aufklappen läßt. Um den Weichkörper essen zu können, muß man den Muskel auch noch von der anderen Schalenhälfte abschneiden.

An der geöffneten Auster fällt uns zunächst der Mangel eines Fußes auf, mit dem freilich das festsitzende Tier nichts anfangen könnte; er ist infolge Nichtgebrauches verkümmert. Unter den Mantellappen, die das Tier ganz einhüllen können, gewahrt man die meist dunkelbraun gefärbten Kiemen, die der Austernesser als „Bart" kennt. Der Eingeweidesack birgt außer dem Verdauungskanal noch die Geschlechtsdrüsen, die bei unserer europäischen Auster zwittrig sind, also sowohl Eier als auch Samen produzieren, freilich bei dem einzelnen Tier nicht gleichzeitig, sondern abwechselnd. Eine Selbstbefruchtung ist also nicht möglich. Der Samen wird ins Wasser entleert, während die reifen Eier zwischen die Mantelblätter des Tieres geraten, und hier von den mit dem Seewasser hineingekommenen Samenzellen befruchtet werden. In diesem sicheren Zufluchtsort entwickeln sich die Eier zu Larven, die mit einer dünnen, vollkommen durchsichtigen, symmetrischen Schale versehen sind und zunächst eine Periode freien Umherschwärmens im Wasser durchmachen, bevor sie sich an einer Unterlage, einem Stein, einer Muschelschale, einem Pfahl, festsetzen.

Die Fruchtbarkeit der Auster ist enorm. Ein großes Exemplar unserer einheimischen Art bringt etwa 1 Million Eier hervor. Die an der amerikanischen Ostküste verbreitete, nicht zwittrige „Virginische Auster", bei der die Eier sich nicht unter dem Schutz des Muttertieres entwickeln, sondern von Anfang an allen Gefahren der Außenwelt preisgegeben sind, beträgt diese Zahl nach Schätzungen der dortigen Gelehrten 16—60 Millionen. Selbstverständlich kann sich nur ein ganz winziger Bruchteil dieser zahllosen Keime zu erwachsenen Austern entwickeln, anderenfalls wären wohl schon die Ozeane von ihren Schalen ausgefüllt. Unendlich viele fallen im Larvenstadium allen möglichen planktonfressenden Tieren zum Opfer, unendlich viele Larven geraten zu Ende der Schwärmperiode an Örtlichkeiten, an denen sie nicht die für ihre weitere Entwicklung günstigen Bedingungen vorfinden und zugrunde gehen. Plötzliche Temperaturschwankungen, hervorgerufen etwa durch einen kalten Regen, töten Milliarden von Larven, ebenso plötzliche Schwankungen des Salzgehaltes.

Die Länge der Entwicklungszeit und der Schwärmdauer hängt in sehr hohem Maße von der Temperatur des Meerwassers, also von den Witterungsverhältnissen ab. Die europäische Auster braucht schon, um überhaupt ihre Geschlechtsprodukte zur Reife zu bringen, eine relativ sehr hohe Wassertemperatur; die Fortpflanzung erfolgt daher in der Nordsee nur im Sommer. Und die Entwicklung der Larve bis zur Ansatzreife kann durch hohe Temperatur so beschleunigt werden, daß sie innerhalb zweier Wochen erfolgt, sie kann aber durch Kälte auf ein Mehrfaches dieser Zeit ausgedehnt werden, so daß natürlich um so mehr Gelegenheit gegeben ist, daß viele Larven von Feinden vertilgt oder von Strömungen ins offene Meer hinausgeführt werden, wo sie keine Ansatzmöglichkeit finden. Denn die Auster lebt nur in geringer Tiefe, selten tiefer als 40 m.

Im Wattenmeer der deutschen Nordseeküste bevölkert sie in ausgedehnten Bänken den ziemlich festen Sandgrund; auf weichem Schlamm kann sie sich begreiflicherweise nicht halten. Ein gewisser Mindestgehalt des Wassers an Salz ist ihr Lebensbedingung, wie wir ja schon aus ihrem heutigen Fehlen in der Ostsee schließen können, und wie ein großartiges Experiment der Natur selbst uns vor nicht allzu langer Zeit demonstriert hat. Der Limfjord in Nordjütland war vor etwas mehr als 100 Jahren noch ein Süßwasserbecken, das ein schmaler natürlicher Damm von der Nordsee trennte. Im Jahre 1825 wurde dieser Damm durchbrochen, und der Limfjord füllte sich mit Salzwasser. Im Jahre 1851 fand man zuerst im Fjord Austern, und zwar schon bedeutende Bänke mit alten Tieren, so daß man schließen mußte, die Besiedelung durch Schwärmlarven sei wohl schon sehr bald nach dem Dammbruche erfolgt. Schon zu Ende des Jahrhunderts wurde der Limfjord unter den wichtigsten Fangplätzen Europas genannt.

Ein Salzgehalt von 1,7% wird als das Minimum, 2,5 bis 3% als die günstigste Konzentration angegeben. Jedoch ist ein gewisser Zufluß von Süßwasser, wenn er eben das Wasser nicht zu stark aussüßt, erwünscht. Schon die Feinschmecker des späteren römischen Reiches hielten die Austern des offenen Meeres für minderwertig und einen Süßwasserzufluß für gut, legten auch ihre Zuchtbassins dementsprechend an. Tatsache ist, daß die Austern an solchen Örtlichkeiten größer und fetter werden und rascher wachsen. Doch mag hier weniger die Süßwasserbeimischung als solche von Wichtigkeit sein, als vielmehr das Vorhandensein einer stärkeren Strömung, die mehr Nahrung mit sich bringt. Dies dürfte auch die Ursache davon sein, daß die Austern so gerne an den flachen Küstengebieten des Ozeans ansiedeln, in denen sich die Gezeitenströmungen stark bemerkbar machen. Im deutschen Wattenmeer, dessen Grund von der Ebbe an manchen Stellen meilenweit freigelegt wird, bevölkern die Austern die Abhänge jener tiefen Rinnen, in denen die Hauptströme des zu- und abfließenden Wassers sich mit einer Geschwindigkeit bis zu 2 Sekundenmetern bewegen. An solchen Örtlichkeiten werden die Austern nicht nur größer und fetter, sondern nach der übereinstimmenden Ansicht der Gourmets auch wohlschmeckender als anderwärts; die Austern der offenen Nordsee z. B. gelten als nicht besonders gut. Es kommt anscheinend nicht nur auf die Menge, sondern auch auf die Beschaffenheit der Nahrung an: besonders geschätzt sind die grünen Austern, die ihre Färbung den Massen gefressener mikroskopischer Algen verdanken. Die grünen Austern von Marennes, nördlich der Girondemündung, sind ja altberühmt.

Der Fang der Austern ist meist einfach, am einfachsten da, wo die Bänke bei Ebbe so seicht liegen, daß man sie mit der Hand „pflücken" kann. Bei geringer Tiefe werden sie mit einem Schöpfnetz oder Pfahlkratzer gewonnen, in größerer Tiefe mit einem Schleppnetz. Dieses Gerät hat meist einen dreieckigen eisernen Rahmen, dessen am Boden aufliegende Kante einem Rechen gleicht, der die Muscheln von ihrer Unterlage losreißt. Daß Überfischungen der Bänke vorkommen können, ist selbstverständlich; doch stellen diese keineswegs das schlimmste Übel dar. Dies besteht vielmehr darin, daß leicht durch das Schleppnetz tiefe Furchen in die Bänke gerissen werden, die sich dann mit Schlamm füllen und für eine neue Ansiedlung junger Muscheln nicht mehr geeignet sind. Leicht werden dann auch noch die benachbarten Partien der Bank verschlammt und die Austern erstickt. Das Verschlammen oder Versanden der Austernbänke ist eine große Gefahr.

Erhebliche Verheerungen richten auch gewisse Feinde der Austern auf den Bänken an. Einige Schneckenarten, darunter die Purpurschnecken, verstehen es, die Schalen von Muscheln zu durchbohren und auszufressen; wenn sie sich in großer Anzahl auf einer Bank ansiedeln, verursachen sie oft beträchtlichen Schaden, besonders eine in den amerikanischen Gewässern heimische Schneckenart, die von den Fischern „der Bohrer" (the drill) genannt wird.

Sehr gefährliche Austernfeinde sind gewisse Seesterne. Diese sonderbaren Geschöpfe, denen man nach ihrem Aussehen gar keine besondere Gefährlichkeit zutrauen möchte, sind in Wahrheit grimmige Raubtiere, denen sehr gewandte und flinke Fische und Krebse ebenso wie stark gepanzerte Muscheln und Schnecken zum Opfer fallen. Der Seestern bewegt sich auf Tausenden von kleinen Füßchen fort, die am Ende je eine kleine Saugscheibe tragen. Mit den Füßchen zweier Arme, deren bekanntlich die meisten Arten fünf besitzen, saugt er sich nun an den beiden Schalen der Muschel an. Es klingt fast unglaublich, ist aber durch exakte Beobachtung und Versuche bewiesen: durch den beharrlich ausgeübten Zug überwindet der Seestern innerhalb kurzer Zeit, etwa in 1/4 Stunde, die enorme Widerstandskraft des Schließmuskels, reißt die beiden Schalenklappen auf und legt den Weichkörper bloß. Was er dann tut, ist womöglich noch seltsamer: durch die Mundöffnung stülpt er seinen sehr ausdehnungsfähigen Magen aus, legt ihn um das Beutetier und verdaut es so außerhalb des Körpers, worauf er den Magen samt der verflüssigten Nahrung wieder in sich zurückzieht. In etwa 4 Stunden wird so eine Auster geöffnet und verzehrt. Der grüne Seestern, Asterias arenicola, tritt auf den amerikanischen Austernbänken manchmal in gewaltigen Mengen auf und bewirkt entsprechenden Schaden. Neben den eigentlichen Austernfressern richten auch andere tierische Gäste auf den Bänken oft großes Unheil an: Miesmuscheln, Seepocken und andere Schaltiere vermehren sich hier gelegentlich so stark, daß sie die Austern ganz zum Verschwinden bringen.

Diese Umstände machen es begreiflich, daß eine Bekämpfung der Überfischung gar nicht so einfach ist. Die nächstliegende Maßregel, ein absolutes Fangverbot für erschöpfte Bänke, hat sich als ganz unzweckmäßig erwiesen, denn hier breiten sich dann oft die Schädlinge ungestört aus und vernichten die Bank völlig. So hat z. B. der preußische Staat für gewisse überfischte Bänke eine neunjährige Schonzeit, von 1882—1891, dekretiert, mit durchaus negativem Erfolge. Ebenso haben sich die während des Weltkrieges wenig oder gar nicht befischten Nordseebänke nicht erholt, sondern sind eher noch weiter verarmt. Neben den genannten Faktoren tragen zu dieser Verarmung der Bänke wohl auch Perioden ungünstiger Fortpflanzungsverhältnisse bei, die, wie wir gesehen haben, durch niedere Wassertemperatur und andere ungünstige Einflüsse verursacht werden können. So ist z. B. im Limfjord infolge derartiger, vom Menschen nicht zu beeinflussender Verhältnisse in der Zeit von 1906—1924 der Ertrag auf etwa ein Zwölftel des Ursprünglichen zurückgegangen.

Auch im deutschen Wattenmeer ist schon seit einer ganzen Reihe von Jahren der Ansatz von hier entstandenen Jungtieren zu gering gewesen, um das Gleichgewicht zwischen Verbrauch und Ersatz zu erhalten. Man ist daher hier, ebenso wie an der dänischen Küste, seit einiger Zeit zur Aussaat von Jungaustern fremder, meist holländischer Herkunft übergegangen. In den niederländischen Gewässern sind die Fortpflanzungsverhältnisse viel günstiger, und von dort werden jetzt jährlich Millionen von Saataustern im Durchschnittsgewicht von 40 g nach Deutschland eingeführt und auf den preußischen fiskalischen Bänken ausgesetzt. So sind z. B. auf der „Ellenbogenbank" im Frühjahr 1925 eine Million, 1926 3/4 Millionen, 1927 2,5 Millionen Saataustern ausgestreut worden. Den Sommer über werden diese Bänke, die nun aus Naturbänken „Kulturbänke" geworden sind, sorgfältig überwacht und von Schädlingen gereinigt. Durch

Probefänge wird die Entwicklung der Saataustern kontrolliert; die Ergebnisse sind günstig. Die Saataustern hatten, wie gesagt, ein Gewicht von 40 g, wovon 10%, also 4 g, auf Fleisch entfielen. Nach einem Sommer hatten sie ein Durchschnittsgewicht von 63,5 g, davon 11 g = 17% Fleischgewicht, nach einem weiteren Sommer 74,2 g mit 11,8 = 14% Fleischgewicht. Sie waren somit schon nach einem Sommer zu marktfähiger Ware herangewachsen, deren Gesamtgewicht zwar wesentlich geringer war als das der Einheimischen, was aber hauptsächlich durch das viel geringere Schalengewicht erklärt wird, und dieses spielt natürlich für den Verkaufswert nur eine ganz untergeordnete Rolle. Die Verluste liegen durchaus im Rahmen des Erträglichen und Erwarteten: man kann damit rechnen, daß durchschnittlich etwa 50% des Einsatzes wieder gefischt werden.

Alles in allem hat sich gezeigt, daß bei Holland viel mehr Jungtiere entstehen als heranwachsen können, während in den deutschen Gewässern der Nahrungsreichtum groß, die Fortpflanzungsverhältnisse aber schlecht sind; eine ausgiebige Austernkultur wird also wohl möglich und rentabel sein. Ähnlich sind auch die Verhältnisse an der dänischen Westküste. Die fast zur Bedeutungslosigkeit herabgesunkene Austernfischerei im Limfjord ist durch das Einsetzen einer rationellen Kultur in wenigen Jahren schon stark in die Höhe gegangen: im Winter 1924—25 war der Ertrag etwa ½ Million Stück, 3 Jahre später 3 Millionen. Neuerdings geht man auch daran, verschiedene Stellen des Wattenmeeres auf ihre Eignung zur Neuanlage von Kulturbänken zu studieren. Man unterscheidet jetzt 3 Arten von Bänken: Wachstumsbänke, auf denen das Saatgut rasch guten Fleischansatz und hervorragende Qualität erreicht, Brutbänke, an ruhigen, von heftigen Strömungen geschützten Stellen gelegen, an denen sich ein reichlicher Brutansatz vollzieht, und die vielleicht einmal das nötige Saatgut liefern können, und schließlich Flachbänke, die in der Mitte zwischen beiden stehen, wegen ihrer Ausdehnung aber von großer Bedeutung als Vorratskammern zu werden versprechen.

Die westlichen Länder sind in der Austernkultur Deutschland zeitlich und technisch sowie quantitativ weit voraus. Schon die Römer haben ja eine Art von Kultur betrieben, die Versetzung erwachsener Austern auf bessere Futterplätze, also Mästung. Aber spätestens im Mittelalter hat es in England schon eine regelrechte Kultur mit Aussaat gegeben. Eduard III. erließ im Jahre 1375 ein Gesetz, das das Einsammeln und Versetzen von Brutaustern auf den Monat Mai beschränkte, während man zu anderer Zeit nur solche Exemplare fangen durfte, in deren Schale ein Schillingstück noch klappern konnte. Um 1700 sollen die riesigen Bänke in der Nähe der Themsemündung angelegt worden sein, auf denen die Muscheln infolge der nahrungsreichen Strömung ausgiebig wachsen und, angeblich dank der Herabsetzung des Salzgehaltes, einen besonders guten Geschmack annehmen. Es sind also künstliche Mastbänke von ungeheurem Umfang. Von weit her, vom Firth of Forth, von den normannischen Inseln an der französischen Kanalküste, kommen jährlich viele Millionen Austern in diese Mastanstalten, deren berühmteste Whitstable am südlichen Ufer der Themsemündung ist. Die Austern aus den britischen Gewässern, von Colchester, von den irischen und schottischen Küsten, die man als „Natives", d. i. Eingeborene oder wohl auf den natürlichen Bänken Geborene, bezeichnet, sollen in dieser Pflege viel wohlschmeckender werden als die ordinäre Nordseeauster. Die Withstabler Austernfischer bilden noch heute eine Gilde mit mehr als 400 Mitgliedern, und ein zwölfgliedriger Ausschuß, die „Jury", bestimmt jährlich Anfang und Ende der Fischzeit.

Noch einen wesentlichen Schritt weiter in der Austernkultur sind die Franzosen gegangen, bei denen schon vor mehr als 100 Jahren Austernparks in Gebrauch waren. Moderne Anlagen befinden sich in Marennes, bei Rocher de Cancale, in Belgien bei Ostende, um nur die unter den Feinschmeckern berühmtesten zu nennen. Es sind ausgemauerte oder hölzerne Bassins von einigen Tausend Quadratmetern Fläche, die durch Schleusen mit dem Meere in Verbindung stehen. Hier werden die Austern eingelegt und meist bei täglichem Wasserwechsel sehr sorgfältig gereinigt und gepflegt.

In Marennes kommen die von den Naturbecken gesammelten Muscheln zuerst in Becken, die so wie in Ostende dem täglichen Flutwechsel unterliegen, später in die sog. Claires, in die das Wasser nur bei Springflut, also alle 14 Tage, eintreten kann. Hier erfolgt die eigentliche Mästung, da sich ungeheure Nahrungsmengen entwickeln, insbesondere die Algen, die den Marennesaustern die beliebte grüne Farbe verleihen. Die Austern kommen etwa 12—14 Monate alt in die Claires und bleiben darin 2 Jahre, um zu den berühmten fetten und delikaten Prachtstücken heranzuwachsen, die natürlich auch entsprechend bezahlt werden.

Die Mästung und Kultivierung der delikaten Muscheltiere ist also bereits ein fein ausgearbeiteter Betrieb. Sorgen machen dagegen die natürlichen Bänke, die das Rohmaterial zu liefern haben, und deren Ergiebigkeit von all den verschiedenen Faktoren abhängt, die eben die Fortpflanzung selbst und noch mehr das Gedeihen der Brut beinflussen. Vielfach hat man den Weg eingeschlagen, den Larven auf den Naturbänken besonders günstige Ansatzstellen zu bieten, wie Faschinen, Ziegel, Holzgerüste u. dgl., und sie werden meist gut besetzt. Ist dies erfolgt, so hebt man sie mitsamt den angesetzten Brutaustern heraus und betreut diese weiter in kleinen Behältern, Kisten und Körben aus Drahtgaze, bis sie zu Saataustern herangewachsen sind und nun in die Parks versetzt werden können. Natürlich ist hier die Lage an einem besonders günstigen Ernährungsplatz die wichtigste Frage. In Amerika, wo die getrennt geschlechtlichen Arten ohne Brutpflege zu Hause sind, ist auch der Gedanke einer künstlichen Befruchtung nicht ganz von der Hand zu weisen.

Andere eßbare Muscheln.

Wenn auch die Auster nach den Preisen, die für sie bezahlt werden, und nach der Schätzung, die ihr die Feinschmecker entgegenbringen, ohne Zweifel das vornehmste unter allen Muscheltieren ist, so kann sie sich an Bedeutung für die Ernährung der Menschheit mit ihren plebejischen

Verwandten gar nicht vergleichen. Das Volk verzehrt fast überall am Meeresstrande wahllos so gut wie alle Muscheln und viele Schnecken. Schon in Italien findet man auf den Fischmärkten eine erstaunliche Mannigfaltigkeit der Arten, selbst recht kleine Formen werden nicht verschmäht. Überall, wo eine Muschel in genügender Menge vorkommt, um die Arbeit des Einsammelns zu lohnen, da ist sie auch von volkswirtschaftlicher Bedeutung. Laune, Mode, Nachahmungstrieb stempeln bald diese, bald jene Art zu einer besonderen Delikatesse.

An der deutschen Nordseeküste ist neben der Auster zweifellos die wichtigste die gewöhnliche Miesmuschel, die jeder kennt, der einmal einen Fischmarkt in Norddeutschland besucht hat. Mit ihrer schwarzblauen, dreieckigen, spitzwinkligen Schale und dem gelblichen, ziemlich harten Inhalt ist sie unverkennbar. Überall in den seichten Küstenregionen, vielfach auch in der Gezeitenzone, so daß sie bei Ebbe freigelegt werden, siedeln sich diese Muscheln, oft in ungeheuren Bänken an. In manchen Gegenden stecken die Fischer Pfähle oder Bäume in den Grund und heben sie nach einigen Jahren wieder, um die Tausende inzwischen an ihnen angesiedelten Muscheln abzunehmen. Die Vermehrung der Miesmuschel ist ungeheuer. Bei einem Versuche erwies sich, daß an einem Badefloß, das vom 18. Juni bis 14. Oktober in der Kieler Bucht gelegen hatte, pro Quadratmeter mehr als 30000 Stück sich an der Unterseite angesetzt hatten. Die sehr nahrhafte und in verschiedenen Zubereitungen auch recht wohlschmeckende Muschel wird in ganz Norddeutschland viel gegessen. Die rasch steigende deutsche Produktion betrug im Jahre 1927 über 1 Million Kilo; außerdem wurden aus Holland noch mehr als 3 Millionen eingeführt. Auch im Mittelmeer ist die Miesmuschel weit verbreitet und spielt z. B. im Golf von Tarent eine sehr bedeutende Rolle in der Ernährung der Küstenbevölkerung, wird auch im Winter weithin verschickt. Auch hier wird im großen Maßstabe durch eingesteckte Pfähle das Ansetzen der Tiere begünstigt.

Von der Auster unterscheidet sich die Miesmuschel wesentlich in der Art, wie sie sich an der Unterlage befestigt. Nicht eine Schale klebt an der Unterlage an, und die Symmetrie ist infolgedessen auch nicht gestört; beide Schalenklappen sind gleich. Der Fuß dient allerdings auch hier nicht der Fortbewegung, ist aber nicht völlig verschwunden wie bei der Auster; er ist breit, beilförmig, wie bei den meisten anderen Muscheln, aber kleiner. Er trägt aber einen fingerförmigen Fortsatz, den „Spinner", der eine eigenartige Funktion hat. Neben ihm liegt die Spinndrüse, die, ähnlich wie etwa die Spinndrüse einer Seidenraupe, einen feinen Faden absondert, der sich rasch verfestigt. Der Finger nimmt die aus der Spinndrüse austretende klebrige Masse auf, zieht sie zu einem feinen Faden aus und drückt das Ende an die Unterlage fest, an der es sofort anklebt. Dies wird so lange wiederholt, bis das Tier durch ein ganzes Büschel von Fäden an der Unterlage festgemacht ist. Eine Fortbewegung ist dadurch möglich, daß der Spinner neue Fäden an einer etwas entfernteren Stelle anbringt, worauf er dann mit einer geschickten Bewegung die alten Fäden abreißt. Nun kann sich das Tier an den neuen Fäden an die neue Ansatzstelle heranziehen und das Spiel wieder beginnen. Die Befestigung durch diesen Byssus ist so haltbar, daß die schärfsten Gezeitenströmungen die Tiere nicht abreißen. Einen originellen Gebrauch davon macht man in der Stadt Bideford in England. Die dort den Torridgefluß übersetzende Brücke befindet sich in der Gezeitenzone, und die Strömung ist so scharf, daß sich an den gemauerten Brückenpfeilern kein Mörtel hält. Die Gemeinde besetzt daher die gefährdeten Partien des Mauerwerkes mit Miesmuscheln, die sich in den Fugen befestigen und so den Mörtel ersetzen.

Gelegentlich werden die längeren Byssusfäden einzelner Muschelarten auch zu Gespinnsten von seidenartigem Glanze verarbeitet, das als „Muschelseide" bekannt ist. Doch hat dieses an einzelnen Orten Italiens ausgeübte Gewerbe eher Kuriositätswert als volkswirtschaftliche Bedeutung.

In die nähere Verwandtschaft der Miesmuschel gehört die Steindattel, eine Muschel etwa von der Größe und Form einer Dattel, die sich auf nicht völlig aufgeklärte Weise in Steine einbohrt. Wegen ihres Wohlgeschmackes wird sie gern gesammelt, ist aber schwer aus ihrem Schlupfwinkel herauszuholen (man muß die Steine zerschlagen) und daher ziemlich teuer. Bekannt geworden ist die Steindattel, weil sie den Beweis für ganz erhebliche Senkungen und Hebungen der süditalienischen Küste in historischer Zeit geliefert hat. Bei Pozzuoli, dem Puteoli der alten Römer, stehen am Strande einige Säulen eines antiken Serapistempels. In einer Höhe von etwa 3 m sind nun diese Säulen von zahlreichen Steindatteln mit den sehr charakteristischen Löchern angebohrt, so daß kein Zweifel besteht, daß hier die Küste einmal tief ins Meer gesenkt gewesen sein muß und sich später wieder gehoben hat.

Eine bedeutende Rolle als Volksnahrungsmittel spielen an vielen Küsten die zahllosen Arten der Herzmuschel, die man an jedem Sandstrande in Mengen findet und an der radial gerippten, ungefähr herzförmigen Schale erkennt. Es gibt Arten von Erbsen- bis zu Apfelgröße in den europäischen Gewässern, und in manchen Gegenden Schottlands sind es diese Muscheln, die in den nicht seltenen Jahren des Mißwachses die armen Küstenbewohner vor dem Verhungern schützen. Die ganze Bevölkerung sammelt während der Ebbe die Schaltiere, und man hat berechnet, daß die etwa 200 Bewohner der Hebrideninsel Barra von Mai bis August 100 bis 200 Pferdelasten sammeln.

In südlicheren Gegenden wieder wird z. B. die Pilgermuschel viel gegessen, deren Schale bei uns hauptsächlich zum Servieren feiner Ragouts benutzt wird, während sie in früheren Jahrhunderten von den Jerusalempilgern als eine Art Abzeichen und Beweis für die vollendete Reise getragen wurde.

Tatsächlich werden an allen bewohnten Küsten der Erde die verschiedensten Arten von Muscheln und vielfach auch von Schnecken in Massen gegessen. Unter den letzteren sei nur eine Gruppe besonders hervorgehoben, die Napfschnekken, die man überall an felsigen Küsten massenhaft an den Steinen als flache, kegelförmige Gebilde ansitzen sieht. Sie sind so fest angesaugt, daß zwischen Unterlage und Schalenrand kaum eine Messerklinge eingeschoben werden kann, um sie abzulösen, und wenn sie bei der Ebbe stundenlang außerhalb des Wassers sind, hält sich unter dieser Schale Feuchtigkeit genug. Zeitweise kriechen sie umher und weiden den Algenbewuchs der Steine ab. An den Klippen des Mittelmeers findet man oft genug Anhäufungen von einigen Dutzenden ihrer Schalen. Da hat ein bescheidener Mann sie mit dem Messer abgelöst und roh und lebend aus der Schale herausgegessen — eine billige Mittagsmahlzeit.

Begreiflicherweise ist es nicht möglich, sich von dem Konsum von Muscheln und Schnecken auf der Erde eine auch nur angenäherte Vorstellung zu machen. Man kann nur sagen, daß er ganz enorm sein muß.

Die Krebstiere.

Ähnlich wie bei den Muscheln und Schnecken verhält es sich auch bei den Krebstieren: an allen Küsten werden große Mengen dieser Tiere gefangen und teils als hochgewertete Delikatessen, teils als wahre Volksnahrungsmittel verbraucht, und es ist ungemein schwer, sich irgendeine Vorstellung von dem Anteil dieser Tiergruppe an unserer Ernährung zu verschaffen. Die Krebstiere sind ja eine außerordentlich arten- und individuenreiche Gruppe von fast ausschließlich wasserbewohnenden Gliedertieren, die im Haushalte der Gewässer eine sehr wichtige Rolle spielen. Im Süßwasser wie im Meer sind die niederen Krebstiere, vielfach fast mikroskopische Formen, besonders im Plankton, in wahrhaft unermeßlichen Mengen verbreitet und stellen ein Hauptkontingent der Nahrung höherer Tiere, von den Jungfischen bis zu den riesigen Walen. Unmittelbar für die menschliche Ernährung kommen so gut wie ausschließlich die höchstentwickelten, die „zehnfüßigen" Krebse in Betracht, weil sie vielfach recht ansehnliche Bissen von ganz besonderem Wohlgeschmack liefern.

Der Gourmet hält sich jedenfalls an die stattlicheren Arten unter den Zehnfüßern, an den mit Recht so beliebten

Flußkrebs und seine meerbewohnenden Verwandten. Nach der Aussage der meisten Feinschmecker ist unser einheimischer Edelkrebs im Geschmack feiner als alle seine marinen Vettern, den berühmten Hummer nicht ausgenommen. Um so bedauerlicher ist es, daß dieses so hochgeschätzte Tier, der in ganz Mitteleuropa und darüber hinaus früher ungemein häufige Bewohner von Bächen und Flüssen, Seen und Teichen, der in nicht wenigen Gewässern dem Fischer mehr einbrachte als die eigentlichen Fische, jetzt fast selten geworden ist. In den siebziger Jahren des vorigen Jahrhunderts ist zuerst in Frankreich eine bakterielle Seuche aufgetreten, die Krebspest, die dann langsam, im Verlauf mehrerer Jahrzehnte, durch ganz Europa zog und die riesigen Bestände an Edelkrebsen beinahe restlos ausgerottet hat.

Der Flußkrebs soll uns dazu dienen, uns einen flüchtigen Überblick über Leben und Organisation der ganzen Gruppe der zehnfüßigen Krebse zu verschaffen. Allgemein bekannt ist ja der starke, durch eingelagerte Kalksalze verhärtete Panzer, der ein solches Tier schützend umschließt; er besteht aus einem vorderen, ganz starren Teil, dem Kopfbruststück, und dem Hinterleib, der aus einer Anzahl von harten Panzerringen zusammengesetzt ist, die durch weichhäutige Verbindungsstücke beweglich aneinandergereiht sind. Dieses äußere Skelett, das die Weichteile umschließt und den Muskeln feste Ansatzstellen bietet, unterscheidet die Gliedertiere, Krebse, Insekten usw., grundlegend von den Wirbeltieren mit ihrem inneren Skelett. So vorteilhaft nun ein solcher äußerer Panzer auch gewiß in vieler Hinsicht seinem Träger sein mag, er bietet doch auch Nachteile. Ein Wachstum ist bei ihm nicht möglich. Alle diese Gliedertiere können daher nur wachsen, indem sie periodisch ihre Hülle abwerfen, nachdem sich unter ihr eine neue, ganz gleiche, aber noch weiche und dehnbare, gebildet hat; nachdem das Tier aus dem alten Gehäuse geschlüpft ist, erfolgt das Wachstum sozusagen ruckweise, auf eine kurze, beim Krebs z. B. auf einige Tage zusammengedrängte Zeitspanne beschränkt. Wenn dann der neue Panzer durch Einlagerung von Kalksalzen wieder erhärtet ist, bleibt das Wachstum wieder bis zur nächsten Häutung sistiert. Man kann sich vorstellen, daß diese Häutungsperioden, die in der ersten Jugend, bei raschem Wachstum, häufiger, später nur noch 1—2 mal im Jahre eintreten, wichtige, aber auch gefährliche Etappen im Leben des Krebses darstellen, während deren er schutz- und wehrlos und versteckbedürftig ist.

Am Kopfbruststück finden wir ganz vorne die Augen und Fühler, einige zum Kauen oder Zerreißen der Beute dienende Paare von „Mundgliedmaßen", ferner die 5 Paar Beine, denen die Gruppe ihren Namen verdankt, und von denen das vorderste meist als Waffe und Greifapparat, die Scheren, ausgebildet ist. Zu beiden Seiten in einer vom Panzer gut geschützten Höhlung liegen die federförmigen Kiemen. Der bewegliche Hinterleib trägt am Ende eine fächerförmige Schwanzplatte, die ein mächtiges Ruder darstellt, an der Unterseite aber auch noch einige Paare von kleinen, gleichfalls ruderförmigen Füßen, die den niedrigeren Formen als Schwimmfüße dienen, bei den höchstentwickelten dagegen, wie beim Flußkrebs, Hummer usw., andere Funktionen übernommen haben. Den Weibchen dienen sie besonders zur Befestigung der befruchteten Eier, die daran herumgetragen und durch beständiges Schwingen der Ruderfüßchen stets mit frischem Atemwasser versorgt werden. Bei unserem Flußkrebs nimmt die Entwicklung dieser Eier mehrere Monate in Anspruch, und auch die ausgeschlüpften Jungen klammern sich noch längere Zeit an diesen mütterlichen Organen fest und lassen sich umhertragen und beschützen. In allen Kulturstaaten ist daher der Fang und Verkauf eiertragender Krebsweibchen strenge verboten.

Der Krebs unseres Süßwassers führt ein verborgenes, nächtliches, räuberisches Leben, weiß Fische, Frösche und wirbellose Tiere gewandt zu fangen, nimmt aber auch alles tote Getier auf und wird daher vielfach als „Gesundheitspolizei" unserer Flüsse geschätzt. Ihm recht ähnlich, nur wesentlich großwüchsiger, ist der europäische Hummer, der fast alle Küsten von Norwegen bis ins Mittelmeer bewohnt, ein Liebhaber felsigen Bodens mit seinen vielen Versteckmöglichkeiten und nicht allzu großer Tiefe. Wegen dieser

Gebundenheit an eine bestimmte Bodenbeschaffenheit ist er an den deutschen Küsten, mit Ausnahme von Helgoland, nicht eben häufig; besonders verbreitet ist er an den britischen, und noch mehr an den norwegischen Küsten. Im Mittelmeer kommt er zwar überall vor, aber nirgends besonders zahlreich; hier ist meist die Languste häufiger, die sich von ihm durch die Beschaffenheit des vordersten Beinpaares unterscheidet: es ist nicht als Schere, sondern als starke Klaue ausgebildet.

Die Kraft der Hummerscheren ist bekannt und gefürchtet; mit ihnen vermag ein größerer Hummer auch dickschalige Muscheln und Schnecken aufzuknacken. Der Hummer ist ein recht gewalttätiger, erfolgreicher Räuber des Meeresgrundes, auch seinesgleichen gegenüber; daß bei ihren Kämpfen verlorengegangene Beine oder Scheren wieder nachwachsen, ist bekannt. Seine Feinde sind natürlich die großen Raubfische, auch die Delphine, besonders aber die Kraken, die großen Tintenfische.

Auch der Hummer ist, wie wir dies schon bei verschiedenen Seetieren kennengelernt haben, in seinem Vorkommen wie in seinem Wachstum vom Salzgehalte des Wassers abhängig. Im südlichen Kattegatt bildet die Nordküste der großen dänischen Inseln bei einem Salzgehalt von etwa 2 % die Grenze seines Vorkommens. Jedoch bleibt er hier schon beträchtlich im Wachstum zurück. Neben dem wechselnden Mindestmaß gibt es fast überall eine Schonzeit, die natürlich mit der Laichzeit zusammenfällt und in Deutschland sich vom 13. Juli bis 14. September erstreckt. Der Fang und Verkauf eiertragender Weibchen ist überhaupt verboten. Denn der Hummer trägt, ganz wie der Flußkrebs, seine Eier an den Beinchen des Hinterleibes, allerdings viel mehr als dieser. Beim Krebs findet man im besten Falle einige hundert Stück, bei einem kleineren Hummerweibchen deren einige tausend, bei ganz großen, bis zu einem halben Meter langen Exemplaren auch 40000. Es hat sich aber glücklicherweise gezeigt, daß die Eier nicht so empfindlich sind wie bei seinem Vetter aus dem Süßwasser. Während die Eier des Krebses, wenn sie vom Muttertier abgenommen werden, zugrunde gehen, lassen sich die Eier des Hummers ganz gut künstlich erbrüten, und in England, Norwegen und besonders in Amerika — der amerikanische Hummer ist ein ganz naher Verwandter des europäischen — wird diese Zucht mit wachsender Intensität betrieben. Vielleicht gelingt es auf diesem Wege, unsere noch recht geringen Kenntnisse über das Leben des Tieres zu vervollständigen. Wir wissen zwar, daß die aus den Eiern auskriechenden Larven bei den Meeresbewohnern einige Zeit als bei manchen Arten recht seltsam gestaltete Planktontiere leben und erst später zum Bodentier werden. Von dieser Zeit bis zu dem erwachsenen Stadium wissen wir nur sehr wenig. Der erwachsene Hummer führt recht geringfügige Wanderungen aus, die sich eigentlich nur auf einen Rückzug in tieferes und wärmeres Wasser zur Winterszeit und eine umgekehrte Bewegung im Frühjahr, wenn das Oberflächenwasser wärmer wird, beschränken.

Gefangen wird der Hummer meist in reusenartigen Körben, die mit Fischen oder zerquetschten Krabben beködert sind, da und dort auch in Netzen, die senkrecht auf dem Meeresgrunde stehen, und in deren Maschen er sich mit seinen Beinen rettungslos verwickelt. Man wird den gesamten europäischen Hummerfang auf etwa 1 Million Kilo einschätzen können, was bei dem hohen Preise schon einige Bedeutung beanspruchen kann. In Amerika ist Fang und Verbrauch sehr viel größer; der Konsum von Boston allein wurde schon vor einigen Jahrzehnten mit 1 Million Kilo angegeben.

Neben dem Hummer spielt in manchen europäischen Meeresteilen die Languste eine nicht geringe Rolle, da und dort auch andere verwandte Arten.

In die nähere Verwandtschaft unserer Krebse gehören auch die zierlichen Garneelen, Granaten oder Crevettchen, die in zahllosen Arten die Meere bevölkern, sehr viele davon die küstennahen Gebiete, manche sind sogar zu Süßwasserbewohnern geworden. Wer einmal an einer felsigen Meeresküste, etwa in der Adria, gebadet hat, hat auch Vertreter dieser hübschen Krebsfamilie kennengelernt.

Viel ist an einer Garneele nicht daran; genießbar ist nur

das fleischige Schwanzstück, das man bald vom Kopfbruststück abbrechen und mit einem Handgriff aus dem Panzer lösen lernt. An allen europäischen Küsten, man kann sagen, an allen Meeresküsten überhaupt, bilden die Garneelen das Objekt eines mehr oder weniger intensiven Fanges, dessen Erträgnisse nicht abzuschätzen sind; auf den Fischmärkten an der Nordsee, dem Atlantischen Ozean und dem Mittelmeer werden sie täglich zu vielen Zentnern, frisch oder gekocht, billig verkauft. In neuerer Zeit findet man auch immer mehr die schon ausgelösten Schwänzchen in Büchsen und Gläsern konserviert; in diesem Falle werden gewöhnlich die übrigen Bestandteile getrocknet und vermahlen, um als Garneelenmehl ein ziemlich hochwertiges Schweine- oder Fischfuttermittel, z. B. in Forellenteichwirtschaften, zu bilden. Sehr oft werden in Deutschland diese Tierchen fälschlich als Krabben bezeichnet; wirkliche Krabben sind die kurzschwänzigen zehnfüßigen Krebse mit breitem Leib und kurzem, unter den Leib geschlagenen Schwanz, unter denen wohl die bekannteste Art der Taschenkrebs sein dürfte.

Der Fang der Garneelen findet meist mit engmaschigen, sackartigen Netzen statt, die über den Grund gezogen werden; am malerischsten ist wohl der Fang zu Pferde, der an der belgischen und holländischen Nordseeküste viel ausgeübt wird. Der Fischer reitet bei Ebbe am flachen Sandstrand weit ins Meer hinein; das Pferd hat dabei ein mehrere Meter breites Schleppnetz hinter sich herzuziehen, in das die Garneelen hineingeraten, nachdem das nahende Ungetüm sie aus ihrem Versteck im Sande aufgescheucht hat, aus dem meistens nur die großen, beweglichen Augen herausschauen. Anderwärts, bei größerer Tiefe, werden die Netze von Segelbooten gezogen. Im Wattenmeer fangen die Fischer die Krebschen in Korbreusen, die sie zur Ebbezeit, wenn der Schlick meilenweit wasserfrei wird, entleeren. Um auf diesem glatten Boden rasch vorwärts zu kommen und möglichst viele der weit verstreuten Reusen aufnehmen zu können, bedient man sich eines sehr eigenartigen Gerätes, des Wattschlittens, der wie ein langer, schmaler Rodelschlitten aussieht. Der Fischer stützt ein Knie auf das Hinterende des

Schlittens und stößt sich mit dem anderen Fuße nach hinten ab, wobei er mit außerordentlicher Schnelligkeit und Geschicklichkeit dahinfährt. Der Schlitten dient natürlich zugleich dem Transport der Beute.

Die Erträge der Garneelenfischerei an den nordeuropäischen Küsten sind sehr groß. Der holländische Gesamtfang wird mit 5—6 Millionen Kilo im Werte von 6—800000 Gulden jährlich angegeben. Der deutsche Fang betrug 1925 etwa 4,5 Millionen Kilo im Werte von 700000 Mark. Ein nicht allzu geringer Teil dieser Ausbeute wird als Köder für die Angelfischerei verbraucht, so namentlich nahezu der gesamte Ostseefang, weil auch hier wieder im salzärmeren Wasser die Tierchen viel kleiner bleiben und daher als Speiseware keinen Anwert finden.

Von einer Schonung der Garneelen ist bisher noch nicht die Rede; im Sommer findet man unter den gefangenen Tieren zahllose Weibchen mit Paketen ihrer winzigen Eier unter dem Hinterleib; trotzdem ist, vorläufig wenigstens, von einer Abnahme der Bestände nicht viel zu bemerken. Vermutlich ist es auch nicht der Mensch, der die größten Verheerungen unter ihnen anrichtet; sie dienen so vielen Fischen, Tintenfischen und anderen Räubern des Meeres zur Nahrung, daß sie, ohne eine ungeheure Überproduktion an Nachkommenschaft, längst ausgerottet wären.

Auch die schon erwähnten Krabben, die kurzschwänzigen Formen unter den zehnfüßigen Krebsen, sind an allen Meeresküsten in Massen verbreitet, in kleinen Formen, wie z. B. die gemeine Strandkrabbe, deren „gar zierliches und affenhaftes Gebaren“ Goethe in seiner italienischen Reise ausführlich und vergnügt schildert, bis zu großen Formen von mehreren Kilogrammen Stückgewicht. Alle diese Krabben sind räuberische Tiere, die mit ihren starken Scheren packen und zerreißen, was sie bewältigen können, viel Fischlaich verzehren, aber auch durch das Vertilgen aller toten tierischen Stoffe eine nicht unwichtige gesundheitspolizeiliche Rolle spielen. Ihre Vermehrung, insbesondere die der gemeinen Strandkrabbe, ist sehr reichlich und muß es auch sein, denn viele Millionen Weibchen mit den Eierpaketen zwischen Bauchseite und Schwanz werden jährlich gefangen und verzehrt — neben den unzählbaren Tausenden, die allen möglichen Tieren zum Opfer fallen.

An der ganzen britischen Küste werden die Strandkrabben von der ärmeren Bevölkerung gegessen, aber auch auf die Märkte der Großstädte geliefert. Die Kinder fangen sie massenhaft, indem sie ein Stück Fischdarm oder dgl. an eine Schnur binden, auswerfen, und nach kurzer Zeit den Köder mit einigen daran angeklammerten Krabben einziehen. In allen Reusen und Netzen, die in geringerer Tiefe ausgelegt sind, fängt man sie mit, und die Fischer verfluchen sie oft, weil sie in den Reusen die Fische anfressen, die Netzfäden mit den Scheren durchkneifen, und sich obendrein so mit ihren Beinen in die Maschen verwickeln, daß sie gar nicht heil herausgebracht werden können. Vielfach werden sie da mit Holzhämmern platt geschlagen, um sie dann rascher herausreißen zu können.

Ganz besonders beliebt sind diese Krabben von jeher in Venedig gewesen, wo sie bis in die Kanäle eindringen. Abgesotten werden sie dort auf den Straßen aus dem Kessel verkauft und sind ein beliebtes Gericht für arme Leute. Die frisch gehäuteten Exemplare, die „Molecche", sind sehr beliebt und etwas teurer. Schon in den früheren Jahren des vorigen Jahrhunderts wurde der Verbrauch in Venedig auf 38000 Faß zu 70 Pfund an Weibchen und 86000 Pfund Molecche angegeben; gleichzeitig wurden als Köder für die istrianische Sardellenfischerei 139000 Fäßchen zu 80 Pfund ausgeführt. Für diesen Zweck werden die Krabben zerstampft und ins Meer gestreut. Der Gesamtertrag der Krabbenfischerei von Venedig wurde mit 500000 Lire angegeben.

Der große Taschenkrebs, der bis zu 6 kg schwer werden kann und respekteinflößende, aber auch sehr fleischige Scheren besitzt, ist im Mittelmeer weniger häufig, dagegen in der Nordsee überall da, wo er felsigen Grund vorfindet, sehr verbreitet. Besonders an den englischen Küsten wird er sehr viel in Reusen gefangen. Er ist eigentlich ebenso wohlschmeckend wie der Hummer und viel billiger.

Die große Krabbe des Mittelmeers ist die langbeinige Seespinne, die auf den italienischen Fischmärkten eine bedeutende Rolle spielt. Schon im Altertum scheint sie dort sehr geschätzt gewesen zu sein; ihr Bild ist auf verschiedenen antiken Münzen zu finden. Die alten Naturforscher haben sie aus nicht weiter erforschbaren Gründen für ein besonders musikalisches Tier gehalten.

Selbstverständlich sind auch an den außereuropäischen Küsten verschiedene Krabbenarten ein Objekt ausgiebigen Fanges. Sowohl in Japan wie auch in Nordamerika werden mehrere großen Krabben mit starken Scheren zu einer ausgezeichneten, hummerartigen Konserve verarbeitet und über die ganze Welt verbreitet. Sachalin, Kamtschatka, in neuester Zeit auch Rußland, sind der Sitz derartiger Industrien.

Mehrere Krabbenarten sind auch im Süßwasser heimisch geworden, so z. B. eine Art in Italien, die man in den Flüssen und in den Seen des Albanergebirges fängt und verwertet. Auch hier klagen die Fischer darüber, daß sie durch das Anfressen der Fische in Reusen und Netzen mehr Schaden als Nutzen stiftet.

Einige große Krabbenarten sind in tropischen Gegenden zu Landbewohnern geworden, die allerdings auch zum Laichen das Meer aufsuchen. Die große Landkrabbe der westindischen Inseln, die in den Wäldern in mit dürrem Laube gut ausgepolsterten Höhlen, selbst auf Bergen, haust, wird besonders zur Zeit der Häutung ausgegraben und als Delikatesse sehr geschätzt.

Stachelhäuter und Würmer.

Wenn die bisher besprochenen, vom Meere gelieferten Leckerbissen, Muscheltiere und Krebse, dem mitteleuropäischen Feinschmecker wenigstens der Gruppe nach bekannt sind, so findet man in den südlichen Meeren aber auch Tiergruppen, die den Bewohnern jener Gegenden lieb und vertraut sind, dem Nordländer aber meist fremdartig, ungenießbar, ja ekelhaft erscheinen.

Nur im Meere zu Hause ist ein Tierstamm, der in seiner

ganzen Gestalt und seinem Bau so seltsam von allen anderen Tieren abweicht, wie nur denkbar: der Stamm der Echinodermen oder Stachelhäuter, zu dem die Seesterne, Seeigel und Seewalzen gehören, nebst einigen kleineren Gruppen.

Schon die äußere Form ist ganz charakteristisch: die Stachelhäuter sind fünfstrahlig symmetrisch gebaute Tiere, wie man am besten an einem typischen Seestern konstatieren kann, dessen fünf ganz gleiche Arme um den Mittelpunkt angeordnet sind. Die meisten Formen sind von einem festen, mit reichlichen Kalkeinlagerungen inkrustierten Außenskelett umkleidet, oft mit Stacheln und Dornen bewehrt. Ihre Bewegungsorgane sind ebenso merkwürdig; ein Seestern spaziert auf einigen tausend kleiner schlauchförmiger Füßchen herum, die am äußeren Ende je eine Saugscheibe tragen, und die von einem im Innern des Körpers befindlichen Kanalsystem her mit Wasser gefüllt und daher stark ausgedehnt werden können. Die Fortpflanzung erfolgt meist nach der bei den niederen Wassertieren allgemein üblichen Methode: durch Entleerung der Eier und der Samenzellen ins Meerwasser, wo sie sich finden und befruchten. Eine sehr sonderbare und charakteristische schwimmende Larve, die aus dem befruchteten Ei entsteht, wandelt sich nach einer Periode des Herumvagierens im freien Wasser dann schließlich in das meist bodenbewohnende Tier um, das der Larve nichts weniger als ähnlich sieht.

Von den Seesternen haben wir bereits gelegentlich der Besprechung ihrer sonderbaren Nahrungsaufnahme einiges erzählt; da sie meines Wissens nirgends zum menschlichen Genusse dienen (ein höchst seltener Fall!), können sie hier keinen weiteren Anspruch auf Beachtung erheben.

Einzelne Seeigelarten erfreuen sich, wenn man so sagen darf, der Beachtung der Feinschmecker in den Mittelmeerländern. Wer je an den felsigen Küsten der Adria gebadet hat, der kennt wenigstens vom Sehen gewisse Seeigelarten, die oft dichtgedrängt an den Molen sitzen, Kugeln von Nuß- bis Apfelgröße, von einem dichten Wald ziemlich langer, sehr scharfer Spitzen bewachsen. Mit ihren zahllosen Füßchen sind sie fest an die Unterlage angeklammert, so daß schon einige Geschicklichkeit dazu gehört, wenn man sie davon ablösen und in die Hand nehmen will, ohne sich ein paar Dutzend Stacheln in die Finger zu treiben. Geschieht dies, so ist es recht unerfreulich, denn die Spitzen dieser aus kohlensaurem Kalk bestehenden Stacheln brechen ab und sind dann natürlich schwer aus der Haut zu entfernen.

Betrachten wir nun einen der häufigsten Seeigel genauer — die an den Adriaküsten gewöhnlichste Art ist schön dunkelviolett gefärbt —, so finden wir folgendes: die äußere Körperhülle besteht aus hübsch ornamentierten Kalkplatten, die zu einer festen, annähernd kugelförmigen Kapsel zusammengeschlossen sind. Auf ihr sitzen die zahlreichen Stacheln mit kleinen Gelenken auf, so daß der Seeigel sich nach allen Seiten einem Feind entgegenwenden und auf ihnen, wie auf unzählbaren Stelzen, marschieren kann. In der Mitte der etwas abgeplatteten Unterseite sitzt der Mund. Man erkennt von außen nur 5 im Kreise stehende scharfe Zähne; bei der Präparation zeigt ein überaus zierliches, kompliziertes Gebilde aus 5 kalkigen Kiefern mit je einem Zahn als Spitze. Bei den alten Zoologen führte dies hübsche kleine Gebilde den Namen „die Laterne des Aristoteles". Vom Munde aus steigt der Darm in einigen Windungen zum oberen Scheitel des Panzers, der Ausfuhröffnung, auf. Sonst ist in dieser gepanzerten Kugel nicht allzu viel enthalten: am auffallendsten sind 5 Wülste, die Keimdrüsen, meist rot oder orange gefärbt, die sich von oben nach unten an der Innenwand der Schale hinziehen. Dem Naturforscher sind diese Gebilde ganz besonders vertraut, denn der Seeigel ist eines der am allermeisten zu Experimenten über künstliche Befruchtung verwendeten Tiere. Schon der junge Student lernt meistens die Befruchtungserscheinungen an den Eiern und Samenzellen der Seeigel zum ersten Male kennen, und gewiß haben schon viele hunderttausend Seeigel ihr Leben der Wissenschaft opfern müssen. Meist wird die Schale vermittelst einer stärkeren spitzen Schere geöffnet und ringsherum aufgeschnitten, so daß man zwei Halbkugeln auseinanderklappen kann. Dann entnimmt man den Geschlechtsdrüsen Eier bzw. Samen, vermischt sie in einem Gefäß voll

Seewasser, und die Befruchtung der Eier und ihre Entwicklung zur Larve kann ohne weiteres mikroskopisch verfolgt werden.

Diese Geschlechtsdrüsen, sozusagen Seeigelkaviar, sind nun von alters her bei den südeuropäischen Völkern eine beliebte Delikatesse. Tatsächlich schmecken sie dem Kaviar nicht ganz unähnlich, pikant und leicht salzig. In Marseille werden jährlich hunderttausende Dutzend des Steinseeigels auf dem Fischmarkte verkauft. Auch in der Nordsee und im Atlantischen Ozean ist eine genießbare Art, die sogar wissenschaftlich als „der eßbare Seeigel“ bezeichnet wird, sehr verbreitet, wird aber im allgemeinen nur an den südlichen Küsten, namentlich in Portugal, gegessen. Im Mittelmeer ist überall, wo der Steinseeigel und noch einige Arten vorkommen, ihr Konsum allgemein verbreitet und beliebt, während andere Arten als ungenießbar gelten. Im ganzen Mittelmeergebiet werden sicherlich mehrere Millionen Dutzend jährlich verzehrt. Die Fruchtbarkeit dieser seltsamen Tiere ist aber ungeheuer, so daß eine Abnahme wohl kaum zu befürchten ist. Natürliche Feinde, außer dem Menschen, hat ja der so gut verteidigte Stachelhäuter nicht viele. Sein räuberischer Vetter allerdings, der Seestern, läßt sich durch das Stachelkleid nicht im geringsten davon abhalten, ihn seinem ungeheuren Magen einzuverleiben.

Eine wichtigere Rolle als die doch nur Leckerbissen darstellenden Seeigel spielt in der Ernährung der Menschheit eine andere Gruppe von Stachelhäutern, die Seegurken oder Seewalzen. Allerdings nicht in Europa; nur die allerärmsten unter den Anwohnern der Mittelmeerküsten sind auf die Idee verfallen, diese Tiere zu essen. In der Tat gebührt den Seewalzen unter den Meerestieren wohl der Preis der Häßlichkeit.

Die Seewalzen weichen von den Seeigeln in ihrer Gestalt und in ihrem ganzen Bau stark ab. Eine typische Seegurke ist eine braune, mit Warzen besetzte Wurst von der Größe einer sehr stattlichen Gurke, die am Meeresboden langsam umherkriecht. Die meisten Arten sind nicht gepanzert und nicht mit Stacheln versehen, sondern in ihrer derben, lederartigen Haut sind allerhand äußerst zierliche, winzige Körperchen aus Kalk eingelagert. Auch ihre innere Organisation weicht stark von der der Seeigel ab; der Darm ist sehr geräumig und wird mit Sand oder Schlamm gefüllt, um die darin enthaltenen organischen Bestandteile zu verdauen, ähnlich wie es der Regenwurm macht. Neben dem Darm fallen besonders die großen paarigen Atmungsorgane, die sogenannten Wasserlungen, auf.

Nimmt man eine aus dem Meer geholte Seewalze in die Hand, so spritzt sie zunächst aus dem Hinterende in einem scharfen dünnen Strahl das Atemwasser aus. Genügt diese primitive Abwehrmaßnahme nicht, so schreitet sie zu weiteren, energischen Maßregeln: sie fährt buchstäblich aus der Haut, d. h. sie stößt ihre inneren Organe aus, wobei die verschiedenen Arten verschieden weit gehen. Einzelne werfen den ganzen Darm, der am Vorder- und am Hinterende abreißt, mitsamt den Wasserlungen und noch einigen Kleinigkeiten, aus, so daß außer der Haut und der darunterliegenden Muskelschicht kaum etwas übrigbleibt. Erstaunlicherweise schadet den Tieren diese bis zum Exzeß getriebene Selbstverstümmelung nichts; die verlorengegangenen Organe werden innerhalb ziemlich kurzer Zeit wieder regeneriert. Gewisse Arten sind noch energischer: wenn man sie ärgert, so schnüren die ringförmig um den Körper laufenden Muskeln tiefe Furchen in ihn ein, und ehe man sichs versieht, ist die hintere Hälfte abgeschnürt, während das Kopfstück sich in den Sand eingräbt und davonmacht. Plagt man diese vordere Hälfte weiter, so vermag sie noch ein paarmal Stücke abzuschnüren. Diese Einrichtung ist gewiß ein wunderbarer Schutz gegen die Feinde dieser Seewalzen, wie Seesterne und große räuberische Schnecken. Wieder andere Arten lösen bei Mißhandlung die Haut in einen formlosen, ekelhaften Schleim auf, und einige stülpen sogar nach Ausstoßung der Eingeweide, um noch ein übriges zu tun, den Hautmuskelschlauch wie einen Handschuhfinger um, so daß die Innenseite nach außen kommt.

Diese höchst sonderbaren Tiere nun, oder vielmehr der Hautmuskelschlauch, werden in China außerordentlich geschätzt, einerseits als Leckerbissen, andererseits wegen der ihnen von den Chinesen zugeschriebenen anregenden Eigenschaften.

Zahlreiche Seewalzenarten werden zu der chinesischen Delikatesse „Trepang“ verarbeitet. Vielleicht hat das Entgegenkommen des Tieres, das ja von selbst seine Eingeweide ausspuckt, zu der Verwendung seines Hautmuskelschlauches als Nahrungsmittel die Anregung gegeben.

Da die Nachfrage nach Trepang in China sehr groß ist, werden heute schon viele Meere auf die bisher wenig oder gar nicht beachteten Seewalzen ausgebeutet. In Ostasien natürlich ist dieser Erwerbszweig am ältesten. In Niederländisch-Indien wird der Fang hauptsächlich von Tauchern, aber auch mit Stechgabeln ausgeübt. Der Hautmuskelschlauch wird mit gewissen eßbaren Blättern und aromatischen Baumrinden zusammen gekocht, dann gedämpft. Hierauf werden sie an der Sonne gedörrt, vielfach 2—3 mal wieder gedämpft und wieder getrocknet, zuletzt über stark rauchendem Feuer langsam, oft monatelang, vollständig getrocknet und geräuchert. In diesem Zustande wird der Trepang dann nach China verschifft.

Der trocken aufbewahrte Trepang wird vor der Zubereitung gereinigt, indem man die äußere Haut abkratzt, und dann 24—48 Stunden lang in Süßwasser geweicht, bis die Stücke zu einer gallertartigen Masse aufgequollen sind. Hierauf werden sie in kleine Würfel geschnitten und in stark gewürzten Suppen oder Soßen serviert.

Die Chinesen zahlen für beliebte Sorten recht hohe Preise, die zu Ende des vorigen Jahrhunderts bis zu 3000 Mark für die Tonne betrugen. Kein Wunder daher, daß die Trepangfischerei heute schon einen recht bedeutenden Erwerbszweig an vielen Küsten darstellt und noch in aufsteigender Entwicklung begriffen ist. Die Ausfuhr aus Niederländisch-Indien, die ganz in den Händen chinesischer Kaufleute liegt, betrug im Jahre 1919 mehr als 70000 kg im Werte von 763000 Gulden. Neuerdings beginnt man auch die wärmeren Meere an den amerikanischen Küsten auszubeuten, insbesondere die westindischen Inseln, die Bermudas usw. Boston ist derzeit ein Hauptausfuhrhafen für Trepang nach China. Natürlich wird hier mit moderneren und ausgiebigeren Methoden, besonders mit dem Schleppnetz, gefischt.

Eine gleichfalls höchst exotische Delikatesse entstammt schließlich dem Reiche der Würmer, und zwar der Ringelwürmer, zu denen z. B. unsere Regenwürmer gehören. Ich meine aber hier nicht die angeblich oder wirklich von den Chinesen geschätzten Regenwürmer, sondern entferntere Verwandte von ihnen, aus der nur im Meere lebenden Gruppe der vielborstigen Ringelwürmer.

Die Borstenwürmer des Meeres zählen teilweise zu den schönsten Organismen, die man überhaupt sehen kann, und viele von ihnen stehen auf einer sehr hohen Organisationsstufe. Gemeinsam ist ihnen allen der geringelte, in eine große Anzahl von gleichartigen Abschnitten eingeteilte Leib; jeder Abschnitt trägt rechts und links einen Anhang, der mit allerhand oft sehr zierlich gestalteten Borsten geschmückt oder fast wie eine Art Fuß, entsprechend denen der Tausendfüßler, gebildet ist. Viele dieser Würmer wohnen in selbstverfertigten Röhren, aus denen sie das Vorderende mit einer Krone von Kiemenfäden und Fangarmen herausstrecken, und wetteifern an Farbe und Form dieser Gebilde mit den herrlichsten Seeanemonen. Andere leben frei, teils am Boden kriechend, teils schwimmend, letztere oft glashell durchsichtig, mit großen, hochentwickelten Augen und furchtbaren Kieferzangen versehen, manche auch prachtvoll gefärbt.

Neben dieser Schönheit nun bieten diese Vielborster auch besonders viel wissenschaftliches Interesse, hauptsächlich auch durch die ganz merkwürdige Art ihrer Fortpflanzung. Auch bei ihnen werden ja die Geschlechtsprodukte ins Wasser entleert, und Eier und Samenzellen müssen sich zufällig finden, worauf sich dann gewöhnlich eine recht sonderbar gestaltete Schwärmlarve entwickelt.

Viele bodenlebende Arten nun ändern sich zur Zeit der Geschlechtsreife sehr stark. Sie bekommen allerhand Tastwerkzeuge am Kopfe, entwickeln große Augen, lassen am hinteren Teil des Körpers ruderartige Anhänge hervorsprossen, vermittelst deren sie sich ins freie Meer erheben und umherschwärmen können. Diese Veränderungen gehen so weit, daß man diese geschlechtsreifen Exemplare früher, bevor die Umwandlung selbst beobachtet war, zu ganz anderen Gattungen rechnete als das unreife Tier.

Noch weiter gehen diese Sonderbarkeiten wieder bei anderen bodenbewohnenden Vielborstern, so insbesondere bei den großen, räuberischen Arten der Gattung Eunice. Bei diesen bilden sich die Geschlechtszellen im hintersten Abschnitte des Tieres aus, der gleichzeitig Schwimmorgane entwickelt. Und während nun der Wurm selbst sein gewohntes Leben zwischen den Korallenblöcken des Meeres fortsetzt, reißt sich das Hinterende los und schwimmt selbständig zur Oberfläche empor, schwärmt hier in Gesellschaft von seinesgleichen umher, bis nach vollendeter Reifung der Körper platzt, die Geschlechtszellen austreten und der zusammenfallende Rest abstirbt.

Zu dieser interessanten Wurmgattung gehört der berühmte Palolowurm der Südsee, der besonders in der Umgebung der Samoa- und Fidschiinseln zu Hause ist. Wenn die geschlechtsreifen Hinterenden dieses Wurmes zu Milliarden und abermals Milliarden an der Meeresoberfläche erscheinen, so gibt es ein Volksfest. Im ersten Morgengrauen erscheinen die unermeßlichen Scharen dieser Würmer oder vielmehr Wurmstücke; die weiblichen sind blau bis grün gefärbt, die männlichen gelblich. Bei Sonnenaufgang ist das Gewimmel auf seinem Höhepunkt, die ganze Meeresoberfläche weithin mit „Mblalolo", wie das Wort richtig auf samoanisch heißt, bedeckt, und nach einigen Stunden sind alle die Leiber geplatzt und verschwunden, nur noch die mit freiem Auge unsichtbaren befruchteten Eier sind vorhanden.

Die Eingeborenen dieser Inseln aber nutzen die Zeit gut aus, denn Palolo ist für sie eine herrliche Delikatesse. Was immer nur überhaupt gehen kann, ist auch rechtzeitig am Wasser, watet möglichst weit hinein oder fährt mit Booten hinaus, um mit feingeflochtenen Körben möglichst viel der kostbaren Leckerbissen zu schöpfen. Frisch verzehrt oder gebacken, ist das Gericht gleich beliebt, und auch Europäer, die es gekostet haben, loben es. Das merkwürdigste aber ist, daß die Eingeborenen ganz genau schon im voraus den Tag bestimmen können, an dem ihnen dieser Segen des Meeres zuteil werden wird. Das geschieht zweimal im Jahre, einmal im Oktober, wo die Ausbeute geringer ist, und im November, wo die Schwärme ganz besonders reich ausfallen. Und zwar erfolgt die Losreißung der reifen Geschlechtsstücke jedesmal am Tage vor dem letzten Mondviertel im ersten Morgengrauen. Darauf kann man sich mit vollster Sicherheit verlassen. Woher eigentlich diese seltsame und strenge Abhängigkeit von den Mondphasen in der Entwicklung dieser Tiere rührt, das ist noch ungeklärt, und vermutlich werden sich darüber noch viele Gelehrte die Köpfe zerbrechen müssen.

Schwämme und Korallen.

Neben den zahllosen und zu den verschiedensten Gruppen gehörigen Tieren, die der Ernährung des Menschen dienen, sind noch fast ebenso zahlreiche zu nennen, die auch noch zu anderen Zwecken, meist zu Luxusindustrien, verwendet werden. Daß vielfach beides bei einer Tierart zutrifft, haben wir ja schon mehrfach gesehen, so bei den Bartenwalen, bei denen Fett und eventuell Fleisch der Ernährung, die Barten anderen Zwecken dienen oder dienten, bei den Haien und den Schildkröten.

Sicherlich zu den seltsamsten und dem Laien fremdesten Tieren, die schon seit langer Zeit einen wichtigen Gegenstand der Fischerei bilden, gehören die Schwämme. Wohl mancher, der einen Badeschwamm täglich benützt, weiß gar nicht, daß er es hier mit einem tierischen Produkt zu tun hat, und die meisten Besucher der Meeresküsten, die lebende Schwämme gesehen haben, sind gar nicht auf den Gedanken gekommen, daß diese plumpen, bewegungslosen Klumpen oder baumartig verzweigten Gewächse ins Tierreich gehören könnten. Echte Badeschwämme freilich bekommt man ja nicht gar so leicht zu sehen; der Kreis der Schwämme, der ganz nahe der untersten Wurzel im Stammbaum der vielzelligen Tiere steht, ist sehr groß, und bei genauem Zusehen kann man gar vielerlei Gruppen von verschiedener Organisation unterscheiden.

Die einfachsten Schwämme stellen einen kleinen Sack oder Schlauch dar, dessen Hohlraum als Magen bezeichnet wird und tatsächlich die Nahrung aufnimmt und der Verdauung zuführt. In ihn leitet eine größere Öffnung, die man früher als den Mund aufgefaßt hat, die sich aber ganz im Gegenteil als die Ausfuhröffnung erwiesen hat, durch die nebst dem verbrauchtem Atemwasser auch alle unverdaulichen Nahrungsreste ausgestoßen werden. In diesen Magen führen zahlreiche feine Einfuhröffnungen, die sogenannten Poren, die eigentlichen „Munde“ des Tieres. Man kann an lebenden Schwämmen einfach nachweisen, daß ein ständiger Wasserstrom durch die Poren in den Magen eintritt und von hier durch den Ausführgang, das Oskulum („Mündchen“) wieder austritt. Mit ihm wird die Nahrung des Tieres, nämlich alles, was an kleinen Tierchen und Pflänzchen sowie an fein zerteilten Resten zerfallener Lebewesen mitgerissen werden kann, in den Magen gebracht. Eine Schicht besonderer Zellen, die mit feinen, ständig schlagenden Fäden, sogenannten Geißeln, in den Hohlraum hineinragen, kleidet den Magenraum aus, und die Bewegung dieser Geißeln ruft eben den Wasserstrom hervor.

Bei größeren, komplizierter gebauten Schwämmen nun hat sich die Körpermasse zwischen Oberfläche und Magenwand stark vermehrt, statt eines einheitlichen Magenraumes finden sich sehr viele, mit Geißelzellen ausgekleidete Mägen, die durch ein wirres System von Kanälen untereinander und mit den Poren sowohl als auch mit den verschiedenen Oskula in Verbindung stehen, denn auch die Ausfuhröffnungen sind dann in größerer, oft sehr großer Zahl vorhanden.

Soll nun die weiche Fleischmasse eines Schwammes ihre Gestalt behaupten können, so müssen stützende Skelettsubstanzen in sie eingelagert sein. Dies geschieht in sehr weitgehendem Maße. Diese Skelettelemente bestehen aus den verschiedensten Materialien und nehmen die allerverschiedensten Formen an. Man unterscheidet hiernach Kalk-, Kiesel-

und Hornschwämme, je nachdem eben die Skeletteile aus kohlensaurem Kalk, aus Kieselsäure oder aus einer dem Horn nicht ganz unähnlichen, in feinen Fasern abgeschiedenen elastischen Substanz, dem Spongin, besteht. In allen Fällen wird das Skelett von Körperzellen des Tieres selbst erzeugt und zwischen ihnen abgelagert.

Es ist eines der größten Wunder der belebten Natur, welche herrlichen, zierlichen, geradezu kunstvollen Formen diese Gebilde bei vielen Schwämmen, namentlich bei den Kieselschwämmen, darstellen. Dieses so primitive Tier, das unbeweglich auf seiner Unterlage aufgewachsen ist, erzeugt Gebilde von einer mathematischen Genauigkeit und einem Reiz der Formen, die im gesamten Tierreich ihresgleichen suchen: Nadeln, Kreuze, Sterne, Anker, Doppelanker, Fäden und Geflechte aus Fäden, die kompliziertesten und abenteuerlichsten Formen, bald mikroskopisch, bald riesengroß.

Sind nun diese Kieselschwämme und daneben auch manche Kalkschwämme von großem wissenschaftlichen Interesse oder schöne Schaustücke, so sind unter den Hornschwämmen einige Arten, die von großer praktischer Bedeutung sind und eine wertvolle Handelsware darstellen. Brauchbar sind nur solche Schwämme, deren Hornskelett, natürlich nach Entfernung der Weichteile, eine große Aufsaugefähigkeit für Wasser, also ein recht feines und enges Maschenwerk von Sponginfasern besitzt, das ihm besondere Elastizität verleiht. Ferner muß es natürlich weich sein, was bei den wenigsten Hornschwämmen der Fall ist. Denn die meisten Arten haben die üble Gewohnheit, zur Festigung ihres Hornskeletts allerhand feste Körper, wie Sandkörner, einzulagern, wie es z. B. der sogenannte Pferdeschwamm macht, der zum Striegeln von Pferden viel gebraucht wird, einem nicht allzu dickhäutigen Menschen aber gar kein Vergnügen macht. Als Badeschwämme zu verwenden sind nur einige wenige Arten der weichen und von Fremdkörpern ziemlich freien Gattung Euspongia, die an manchen Küsten das Objekt einer emsig betriebenen Fischerei bildet.

Die älteste Schwammfischerei besteht im Mittelmeer, wo der feinste Badeschwamm hauptsächlich an den kleinasiatischen und griechischen Küsten gewonnen wird; aber auch die südfranzösischen, dalmatinischen und nordafrikanischen Küsten liefern viele Schwämme, deren Qualität hinter der der Levantiner nicht allzu weit zurücksteht.

Diese Schwämme kommen in der Nähe der Küste in Tiefen von etwa 6—16 m vor. Die älteste und primitivste Fischerei ist das Stechen mit der Gabel, die stark an den Dreizack des Poseidon erinnert und an einer enorm langen Stange befestigt ist, so daß natürlich ihre Handhabung recht bedeutende Übung erfordert.

Sehr viel wird auch namentlich an den levantinischen Küsten nach Schwämmen getaucht. Die Leute erreichen darin eine wahrhaft imponierende Fertigkeit und sollen bis zu 4 Minuten unter Wasser bleiben und jedesmal eine ganz beträchtliche Anzahl von Schwämmen sammeln können. Neuerdings hat natürlich auch hier der moderne Betrieb mit Taucheranzug die uralte primitive Methode zu verdrängen begonnen. Auch mit Schleppnetzen ist vielfach gearbeitet worden, die zwar die Schwämme gut vom Grunde losreißen, aber auch oft zerreißen, so daß die Resultate nicht allzu erfreulich waren.

Wer frisch heraufgebrachte Schwämme sieht, wird sie kaum als das erkennen, was sie sind. Schwarze, bräunliche oder violette, schleimüberzogene Klumpen oder Fladen von nicht besonders angenehmem Geruch, müssen sie erst einer, allerdings einfachen, Behandlung unterzogen werden. Zunächst läßt man sie in Wasser faulen, bis alle lebende Substanz vernichtet ist und durch gründliches Auswaschen bis auf die letzte Spur entfernt werden kann. Dann muß der Schwamm gebleicht werden, und dann werden die Stücke nach Feinheit und Weichheit sortiert.

Von besonderem Interesse sind die schon vor mehreren Jahrzehnten von einem deutschen Forscher an der dalmatinischen Küste unternommenen Versuche, durch künstliche Zucht die Erträge zu erhöhen. An vielen Stellen waren die Bestände allzu stark ausgebeutet worden, und bei dem nicht besonders raschen Wachstum der Tiere ging der Ersatz nicht schnell genug vor sich.

Die Fortpflanzung der Schwämme erfolgt, wie bei sehr vielen niederen Tierarten, auf zwei verschiedenen Wegen. Einmal geschlechtlich, also durch Eier und Samenzellen, wobei bei den meisten Arten ein Individuum nur eine Art von Geschlechtszellen ausbildet. Die reifen Samenzellen werden ins Meer ausgestoßen und geraten in den Strom durch die Poren in das weibliche Tier, treffen hier auf die Eier und befruchten sie. Im Schutze des Muttertieres, in seinem Hohlraumsystem, entwickeln sich dann die befruchteten Eier zu winzigen, bewimperten Larven, die dann ausschwärmen, eine Zeitlang umherschwimmen und sich schließlich auf dem Grunde oder auf irgendeiner Unterlage festsetzen und nach recht merkwürdigen Veränderungen die endgültige Gestalt eines kleinen Schwammes annehmen.

Daneben aber gibt es die ungeschlechtliche Fortpflanzung durch Knospung, wobei ein Stück sich vom Körper des Tieres abschnürt und zu einem neuen Individuum auswächst. Bei der wechselnden, durch alle Einflüsse der Umwelt weitgehend zu verändernden Gestalt der Schwämme ist es bei den größeren, komplizierter gebauten Arten gar nicht möglich, zu sagen, ob man ein Einzelindividuum oder eine Kolonie von unvollständig voneinander gesonderten Individuen vor sich hat. Jedenfalls hat sich gezeigt, daß ein gewaltsam vom Körper abgetrenntes Stück durchaus befähigt ist, weiterzuleben, zu wachsen und sich seinerseits wieder fortzupflanzen. Ja, es hat sich gezeigt, daß man hier noch viel weitergehen kann als bei anderen, auch sehr regenerationsfähigen niederen Tieren. Man hat Schwammstücke in winzigste Partikelchen zerpflückt, diese noch ganz fein zerrieben und das ganze durch feinste Seidengaze hindurchfiltriert, so daß man sogar viele ganz isolierte Zellen erhielt. Wenn nun auch die meisten von diesen allerlei Feinden, Parasiten oder den Folgen dieser Behandlung erlagen, so blieben doch viele von ihnen am Leben und begannen umherzukriechen wie einzellige Wesen. Und siehe da, sie schlossen sich wieder zu Verbänden zusammen, und zuletzt saß wieder ein kleiner Schwamm fertig da und begann zu wachsen.

Diese gradezu märchenhafte Regenerationskraft der

Schwämme hat natürlich schon früher, bevor sie noch in ihren feineren Details studiert war, den Gedanken nahegelegt, große Badeschwämme zu zerschneiden und Teilstücke zu neuen Individuen von brauchbarer Größe heranwachsen zu lassen. Der berühmte Schwammforscher Oskar Schmidt hat diese Versuche systematisch in Dalmatien betrieben. Er zerschnitt lebende Schwämme in kleine Stücke, die er mit Holzpflöckchen am Boden von durchlöcherten Holzkisten befestigte. Die Kisten wurden dann in die richtige Tiefe versenkt. Im Prinzip war der Erfolg unbestreitbar: schon nach kurzer Zeit waren die Wunden verheilt und vollständige kleine Schwämme ausgebildet. Praktisch aber ist nicht viel dabei herausgekommen. Der Bohrwurm, der ja alles im Wasser befindliche Holz zerstört und Hafen- und Deichbauten wie hölzernen Schiffen so verderblich wird, hat die Kisten Schmidts auch nicht verschont. Was übrigblieb, fiel dem Unverständnis, der Indolenz und selbst der Feindseligkeit der Fischer, denen geholfen werden sollte, zum Opfer. So hat sich bisher eine praktische Förderung der Schwammfischerei nicht ergeben, da die Versuche Schmidts seither nicht mehr in großem Stil wieder aufgenommen worden sind. Ich bin aber ganz überzeugt, daß bei sorgfältiger Beachtung aller Fehlerquellen und Hindernisse sich auf diesem Wege viel leisten ließe. Verlohnen würde es sich der Mühe gewiß, denn die Schwammfischerei ist ein recht ansehnlicher Erwerbszweig an den Küsten des Mittelmeeres. Auch an den amerikanischen Gestaden kommen brauchbare Badeschwammarten vor, und die Bahamaschwämme, die hauptsächlich in London gehandelt werden, machen den alten Schwammärkten in Smyrna, Venedig, Livorno und dem alten Hauptausfuhrplatz Triest schon bedeutende Konkurrenz.

Interessant ist übrigens die uralte medizinische Verwendung des Badeschwammes. Gebrannter Schwamm (Spongiae ustae) war vor Jahrhunderten als wirksames Mittel gegen den Kropf sehr beliebt. Es ist kein Zweifel, daß das Mittel wirklich gut war, denn die Schwämme enthalten sehr reichlich Jod, das ja im Meerwasser und seinen Bewohnern überhaupt stark verbreitet ist. Erst seitdem man die spezifische

Wirkung des Jods auf die Schilddrüsenerkrankungen erkannt und seine Beschaffung auf einfachere Weise gelernt hat, ist der gebrannte Schwamm überflüssig geworden und aus den Apotheken verschwunden.

Eine etwas höhere Gruppe von ebenso wie die Schwämme meist festgewachsenen Tieren (daher auch der Name Pflanzentiere) stellen die sogenannten Hohltiere dar, die im Meere einen ungeheuren Arten- und Individuenreichtum entfalten, im Süßwasser ebenso wie die Schwämme nur in wenigen, kümmerlich entwickelten Arten anzutreffen sind. Doch bietet grade der kleine, unscheinbare Süßwasserpolyp, den wohl alle Aquarienliebhaber kennen, ein Bild eines besonders einfach gebauten Hohltieres, an dem wir die Organisation dieser Gruppe gut studieren können.

Auch dieser Polyp stellt nicht viel mehr als einen einfachen Sack dar, dessen Hohlraum eben der Magen ist. Am Vorderende ist eine einfache Öffnung, der „Mund", die als Ein- und Ausfuhröffnung dient. Um ihn herum steht ein Kranz von sehr dehnbaren Fangarmen, besetzt mit einer großen Zahl von sehr merkwürdigen Zellen, den sogenannten Nesselzellen. In jeder dieser Zellen sitzt eine kleine durchsichtige Kapsel, in der ein langer dünner Faden spiralig aufgerollt ist. Eine kleine Spitze ragt über die Oberfläche des Tieres hervor, die offenbar mit sehr feiner Empfindung begabt ist. Wird sie von einem Tiere berührt, das man fressen kann oder das sich dem Polypen feindlich bezeigt, so schnellt der Faden aus der platzenden Kapsel heraus, einige scharfe Dornen, die an seiner Basis sitzen, bohren sich in den Leib des Feindes, und der Faden ergießt ein scharf brennendes, rasch lähmendes Gift in die Wunde. Kleine Tierchen werden so rasch getötet oder wenigstens bewegungsunfähig gemacht, bleiben am Fangarm kleben und werden dann von diesem dem Munde zugeführt. Bei größeren Beutestücken helfen mehrere Fangarme zusammen, ganze Batterien von Nesselkapseln treten in Tätigkeit, bis der Gegner erlegt ist.

So vermag schon unser kleiner Süßwasserpolyp ziemlich große Jungfischchen, die zu verschlingen ihm ganz unmöglich ist, derart zu schädigen, daß sie dem Gifte bald erliegen, und er richtet gelegentlich in Fischteichen ganz erhebliche Verwüstungen an. Große, im Meere lebende Nesseltiere, mehr oder weniger entfernte Verwandte unseres Polypen, vermögen sogar badenden Menschen sehr empfindliche, ja selbst gefährliche Verbrennungen zuzufügen.

„Abgeschossene“ Nesselkapseln fallen aus und werden rasch durch neugebildete ersetzt. Dem Munde gegenüber, am blinden Ende des Sackes, hat unser Polyp eine Art kurzen Stiel, der mit einer Haftplatte oder Sohle endigt, und mit dieser sitzt er auf der Unterlage, auf Pflanzenblättern, Schilfstengeln, Steinen usw. fest.

Auch unser Polyp pflanzt sich zeitweise durch Eier und Samenzellen, häufiger aber durch Knospung, fort — unter guten Ernährungsbedingungen sogar ungemein lebhaft. Im Meere erreichen viele Vertreter der Hohltiere sehr bedeutende Größen und auch einen sehr komplizierten Bau. Zwischen äußerer Haut und Magen entwickelt sich eine oft sehr ansehnliche Schicht von Körpergewebe, die dem Tiere Körpermasse und Konsistenz verleiht; und wie bei den Schwämmen wird bei vielen von ihnen durch Einlagerung von Kalk- oder Hornsubstanzen ein festes stützendes Skelett gebildet.

Es ist hier nicht der Ort, auf die höchst interessanten Fortpflanzungsverhältnisse vieler Hohltiere mit ihrem regelmäßigen Wechsel zwischen geschlechtlicher und ungeschlechtlicher Vermehrung einzugehen, wobei vielfach die Geschlechtstiere ganz anders aussehen als die festsitzenden Polypen und als Quallen frei im Wasser umherschwimmen, während aus den Eiern der durch Knospung an den Polypenstöcken entstandenen Quallen wieder neue Polypen entstehen.

Gemeinsam ist fast allen Hohltieren, ob sie nun freischwimmende Quallengenerationen ausbilden oder nicht, die Fähigkeit der Knospung, und sehr viele von ihnen treten in sehr großen, oft besonders schön geformten und gefärbten Kolonien auf.

Die nächsten im Meere lebenden Verwandten des Süßwasserpolypen sind meist solche kolonienbildende Arten. Das Einzeltier ist ein sehr kleiner, oft mit freiem Auge kaum sichtbarer Kelch, oben von einem Kranz von Fangarmen gekrönt, am entgegengesetzten Ende in einem langen, röhrenförmigen Stiel auslaufend. An diesem Stiel findet die Knospung statt, er verzweigt sich, bei vielen Arten gesetzmäßig, und es entsteht ein äußerst zierliches, nach Art von Farnen oder ähnlichen Pflanzen gefiedertes Bäumchen, das Hunderte oder Tausende von Einzelpolypen trägt. Sie alle sind durch die verzweigten Röhren miteinander verbunden, sie bilden ein kompliziertes Kanalsystem, durch das die Nahrungssäfte kreisen, so daß jedem Individuum ein Teil dessen zugute kommt, was jedes andere Mitglied der Kolonie frißt und verdaut. Kein Wunder, daß an Stellen, an denen die winzigen Nahrungstierchen reichlich vorkommen, sich weite Strecken des Meeresbodens mit diesen Bäumchen bedecken, so daß man von Polypenrasen sprechen kann. Bei manchen dieser Formen nun scheidet sich an der Außenfläche der Polypen sowohl als der Stiele ein feines, durchsichtiges, starres Häutchen einer hornartigen Substanz aus, das die Formen genau wiederholt und als Schutzmauer dient. Für jeden Polypen ist ein kleiner Kelch vorhanden, in den er sich bei Beunruhigung sofort ganz zurückzieht.

Manche dieser zierlichen, gefiederten Tierstöckchen, die an Schönheit der Form auch die hübschesten Zierpflanzen übertreffen, dienen einer ganz originellen Industrie. Man trocknet sie, wobei die eigentliche lebende Substanz verschwindet und nur das hornige Gerüst übrigbleibt, und färbt sie dann grün. Schließlich werden sie durch ein Glyzerinbad geschmeidig gemacht. In diesem Zustande dienen die Stöckchen von zwei im deutschen Wattenmeer häufigen Arten, dem Seemoos und dem Korallenmoos, zu Aufputzzwecken in der Blumenbinderei. Durch die deutschen Fischereibeamten ist die Lage und Ausdehnung der guten Seemoosbänke, die sich in den ostfriesischen und schleswig-holsteinischen Gewässern befinden und in Tiefen von 1—14 m ganze Quadratkilometer mit dichtem Rasen überziehen, genau festgestellt worden. Eingehende Untersuchungen haben gezeigt, in welcher Zeit die geschlechtliche Fortpflanzung zur Gründung neuer Stöckchen führt, wann die Stöckchen ihre normale Größe von etwa 30 cm (in Ausnahmsfällen 60 cm) erreicht haben, wann sie brüchig und dadurch schlecht verwertbar werden; kurz, auch auf dieses unscheinbare Tierchen, das den Fischern einen recht hübschen Nebenverdienst abwirft, hat sich die gewissenhafte Arbeit dieser der Praxis dienenden Gelehrten erstreckt. Es sind nun Schonzeiten festgesetzt, um einen Raubbau zu verhüten.

Der deutsche Fang wird mit einem besonderen Gerät, der Seemooskurre, ausgeübt, einer Art von eisernem Schlitten, der eine Kette dicht über dem Grund der Bänke führt, so daß die einzelnen Stöckchen an dieser hängenbleiben und abgerissen werden. Natürlich muß dann auf dem Lande noch eine sorgfältige Reinigung der Ausbeute von Sand, Tang und all den vielen mit heraufgebrachten Seetieren erfolgen. Das Pfund Seemoos bringt etwa 1,80 Mark, Korallenmoos 1,30 Mark ein. Der durchschnittliche Fang der deutschen Fischer beträgt jährlich etwa 80000 bis 100000 Pfund. Auch an den holländischen, südenglischen und nordfranzösischen Küsten findet da und dort Seemoosfang statt. Ein großer Teil der Ausbeute geht an deutsche Blumenhandlungen, der größte jedoch ins Ausland.

Eine andere Gruppe von Nesseltieren nun, die bereits auf einer hier nicht weiter zu erörternden höheren Organisationsstufe steht, zeichnet sich durch die oft sehr massiven Kalkskelette aus, die die Einzeltiere bauen und die vielfach der Gesamtheit des Tierstockes Zusammenhalt und Schutz bieten: es sind die Korallen. Am bekanntesten unter ihnen sind die Stein- oder Riffkorallen, die ja bekanntlich, zu Milliarden von Exemplaren gehäuft, ganze Inseln und Gebirge erbauen und in der gewaltigsten Weise in die Bildung der heutigen Erdkruste eingegriffen haben und noch eingreifen.

Unbeschadet ihrer außerordentlichen praktischen Bedeutung als Riffbildner und ihres wissenschaftlichen Interesses bieten sie im Rahmen unserer Auseinandersetzung nur geringes Interesse, da sie höchstens ganz gelegentlich als Zier- oder Schaustücke Verwendung finden. Von großer Wichtigkeit ist dagegen die zweite Gruppe, die der achtstrahligen Polypen. Ihren Namen führen sie von den 8 rings um die Mundöffnung herum angeordneten Fangarmen, die ihrerseits zierlich gefiedert sind und das Einzeltier einer reizenden kleinen Blume ähnlich machen. Auch sie leben meist in Kolonien von vielen hundert Individuen, nur sind sie nicht vom Skelett umgeben, sondern dieses bildet die feste Achse, um die die lebenden Tiere sich gruppieren. Hauptsächlich die Sohle scheidet hier die feste Substanz aus, Hornsubstanz oder Kalk, vielfach auch beides in regelmäßiger Abwechslung. So bildet sich ein starres, bei Hornkorallen auch einigermaßen biegsames, verzweigtes Bäumchen, innen massiv, außen überzogen von einer Schicht lebenden, gallertigen Fleisches, in dem die einzelnen Polypen sitzen. Sind sie ungestört, so recken sie sich über die gemeinsame Fleischschicht empor und entfalten ihre reizenden Federkronen weit, um alle im Wasser schwebenden oder herabsinkenden Nahrungspartikelchen aufzufangen. Bei jeder Störung falten sie sich blitzschnell zusammen und ziehen sich in ihre Höhlung zurück.

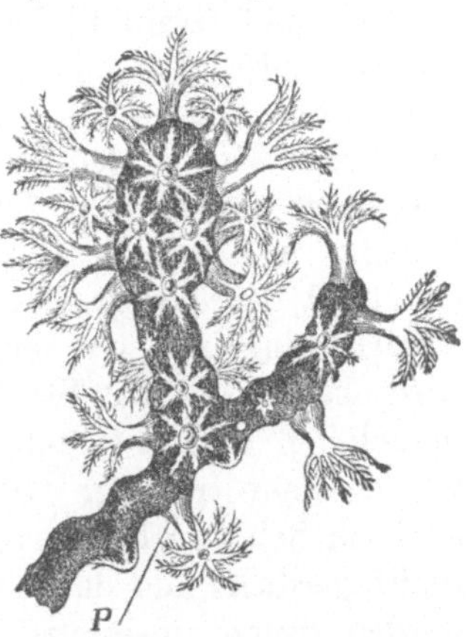

Abb. 15. Stückchen einer roten Edelkoralle. P = ein Einzeltier. (Nach Lacaze-Duthiers.)

Zu diesen Formen, und zwar zu denen, die ein rein kalkiges Skelett bauen, gehört die bekannte rote Edelkoralle. Der Stamm und seine Äste und Zweige werden aus einzelnen knorrigen und stachligen Kalknadeln gebildet, die sich fest ineinander verfilzen. Auch in der weichen Rinde liegen einzelne solche Kalkgebilde, deren allmähliche Anhäufung das Dickenwachstum des Stockes bewirkt. Ein Schliff durch solch einen Korallenstamm ergibt natürlich eine ganz charakteristische Struktur, die die Unterscheidung echten Korallenschmuckes von Fälschungen auf den ersten Blick durchs Mikroskop gestattet. Der rote Farbstoff ist bei den einzelnen Kolonien in sehr verschiedener Menge und Intensität in diesen Kalkgebilden enthalten, so daß scharlach-, zinnober-, mattrote Stöcke in allen Übergängen vorkommen. Ein aus dem Meere geholtes und frisch in reinem Seewasser aufgehängtes rotes Korallenstöckchen bietet nach einiger Zeit ein ganz überaus reizvolles Bild, wenn die kleinen weißen Blumenkronen der sich wieder entfaltenden Polypen von den roten Zweigen abheben.

Die Heimat der echten roten Edelkoralle ist vorwiegend das Mittelmeer in Tiefen von 80—200 m; nur an wenigen Punkten des Atlantischen Ozeans wird sie noch gefunden. An den dalmatinischen Küsten bestand früher eine nicht unwesentliche Korallenfischerei, die ihr Zentrum auf der Insel Zlarin hatte; doch sie ist aus Mangel an einer ordentlichen Organisation der Verwertung schließlich zugrunde gegangen. Im Jahre 1910 fanden sich auf der Insel noch 4 alte Männer, die die Fischerei betrieben; mit ihnen ist das Gewerbe ausgestorben. An den nordafrikanischen, italienischen und levantinischen Küsten findet auch heute noch ein namhafter Fang der roten Edelkoralle und einiger nahe verwandter Arten statt. Die Fischerei ist recht einfach: ein Holzkreuz wird in der Mitte mit einem 60 kg schweren Stein beschwert und an den Armen mit locker gestrickten Netzen behängt, in denen die zackigen Bäumchen hängenbleiben, die das über den Grund geschleifte Kreuz abbricht. Auch die Verarbeitung ist sehr einfach: die lebende Außenschicht wird abgebürstet, das Stöckchen dann mit Schmirgelleinwand geschliffen und mit Stahl poliert. Runde oder ovale Perlen werden dann auf der Drehbank verfertigt, größere Stücke auch zu Schnitzarbeiten verwendet. Alte, große Stämme, bis zu Fingerdicke und darüber, sind natürlich sehr gesucht und werden, wenn unverletzt, gut bezahlt. Sie sind aber sehr selten, denn sie sind meistens von allerhand bohrenden Tieren, wie Bohrwürmern oder Bohrschwämmen, angegriffen und stark entwertet.

Die Mode spielt natürlich bei der Bewertung der verschiedenen Farbennuancen eine ausschlaggebende Rolle. Zeitweise waren zartrosa Stücke, im Handel als Peau d'ange (Engelshaut) bezeichnet, sehr gesucht. Die seltenen rein weißen Stämme dieser Art sind meistens besonders hochgeschätzt, werden aber vielfach unter Heranziehung anderer weißer Korallenarten gefälscht.

Ganz selten sind auch schwarze Stücke. Die meisten „schwarzen Korallen" stammen von einer Korallenart, die kein kalkiges, sondern ein horniges Achsenskelett bildet; das Material ist im islamitischen Orient sehr geschätzt und dient zur Verfertigung von Rosenkränzen, Amuletten usw. Das Zentrum der europäischen Edelkorallenindustrie ist Torre del Greco bei Neapel, wo die Verarbeitung in einer staatlichen Fachschule gelehrt wird. Vor nicht allzu langer Zeit wurde hier fast die gesamte Mittelmeererzeugung verarbeitet, und noch Material dazu, das aus Japan importiert wurde und einer sehr ähnlichen Art entstammt. Der Höhepunkt dieser italienischen Industrie, die im Jahre 1894 etwa 6,5 Millionen Kilo im Werte von 1,8 Millionen Mark verarbeitete, ist schon überschritten, seitdem Japan nicht mehr nur Rohmaterial, sondern auch fertige Produkte ausführt. Immerhin beschäftigt die Korallen- und Conchylienindustrie von Torre del Greco noch etwa 3000 Arbeiter. Hier werden nämlich auch verschiedene Schalen von Muscheln und Schnecken verarbeitet, teils zu Perlmutterschnitzereien, teils zur Verfertigung von Kameen aus solchen Schalen, die verschiedenfarbige Schichten besitzen, so daß ein geschickter Schnitzer recht eigenartige Wirkungen erzielen kann — freilich muß er dazu das Material sehr genau kennen. Am geschätztesten sind natürlich große Schalen, die möglichst viele verschiedenfarbige Schichten haben, wie z. B. die Schnecke Turbo olearius mit vier Schichten, und zwar von außen nach innen: grün, schneeweiß, hellbraun, milchweiß. So werden z. B. den Fremden in Neapel massenhaft Schneckenschalen mit dem darauf abgebildeten Golf und Vesuv angeboten, die aber, wie so viele Reiseandenken, vielfach fabriksmäßig in Deutschland erzeugt werden. Immerhin werden in Torre del Greco auch recht hübsche Stücke hergestellt. Als Ausgangsmaterial dienen hauptsächlich große Muschel- und Schneckenarten aus den tropischen Meeren.

Muschel- und Schneckenschalen. Purpur.

Daß die so widerstandsfähigen und dauerhaften, dabei in Form und Farbe schönen oder bizarren Schalen aller möglichen Weichtiere von jeher als Schmuck, vielfach auch zur Herstellung der verschiedensten Geräte gedient haben und bei primitiven Völkern noch dienen, ist selbstverständlich. Es würde viel zu weit führen, alle die Verwendungsarten dieser Materialien auf der Erde anzuführen. Erwähnt sei wenigstens die Verwendung mancher Schnecken- und Muschelschalen als Wertmesser, als Geld, die ganz besonders, aber keineswegs ausschließlich, die bekannte Kaurischnecke, Cypraea moneta, und einige ihr nahe verwandte Formen aus dem Indopazifischen Ozean betrifft. Auch Scheiben und Ringe, die aus Molluskenschalen geschnitten werden, finden sich an den verschiedensten Punkten der Erde als Geld.

In China und Japan hat anscheinend um 1500 v. Chr. eine Kauriwährung bestanden, und heute findet man bei manchen afrikanischen Völkern die Schnecken, in bestimmter Anzahl auf Schnüre gereiht, im Innern Siams in geaichten Gefäßen, als Währungseinheit, wobei oft das Material sehr weit herkommt. So werden die Kaurischnecken, die in Innerafrika als Zahlungsmittel gelten, durch arabische Händler von Sansibar her eingeführt.

Unter den Schnecken des Meeres gibt es eine große Anzahl von Arten, die im Altertum ganz außerordentlich hochgeschätzt gewesen sind: die Purpurschnecken. Man weiß ja, daß Purpurgewänder schon seit undenklichen Zeiten die Abzeichen königlicher Würde oder wenigstens ganz besonderer Vornehmheit gewesen sind, so wie ja auch heute noch den Fürsten der römischen Kirche, den Kardinälen, der Purpurmantel vom Papste verliehen wird. Allerdings hat man im Altertum unter Purpur eine ganz andere Farbe verstanden als heute, wie schon daraus hervorgeht, daß Homer so oft von dem „purpurnen Meere“ spricht. Der Purpur der Alten war eher violett als rot. Freilich gab es verschiedene Nuancen des Purpurs, die bald mehr ins Rotviolette, bald ins Gelbliche oder Dunkelviolette spielten.

Gewonnen wird dieser echte Farbstoff aus der Ausscheidung einer Drüse der Purpurschnecke und mancher ihrer Verwandten, die im Mittelmeer und in den meisten warmen Meeren, in einzelnen Arten bis in die Nordsee, verbreitet sind. Die Ausscheidung der Drüse ist schleimig und zunächst farblos oder gelblich; erst wenn man den mit der Flüssigkeit getränkten Stoff dem Sonnenlicht aussetzt, verfärbt er sich allmählich über Zitronengelb, Grün, schließlich in die eigentliche Purpurfarbe. Die Menge, in der der Drüsensaft auf den zu färbenden Stoff aufgetragen wird, beeinflußt die Intensität der Farbe stark, und wahrscheinlich war sowohl die Art der verwendeten Schnecken als auch gewisse Kunstgriffe oder Fabrikationsgeheimnisse von Bedeutung für die Schönheit und Haltbarkeit der Farbe. Wenigstens gab es im Altertum Purpurfärberzünfte von verschiedenem Rufe; besonders war der rotviolette tyrische Purpur geschätzt, wie ja überhaupt die Erfindung der Purpurfärberei von jeher den Phöniziern zugeschrieben worden ist.

Interessanterweise hat man auch im Altertum schon vielfach den wertvollen Farbstoff durch minderwertige Ersatzmittel verfälscht: aus gewissen Beeren wurde ein Purpurersatz hergestellt. Später ist es dem Purpur natürlich so ergangen wie dem Indigo; künstlich hergestellte, aber weniger haltbare Farbstoffe haben ihn verdrängt. Übrigens hat zu Beginn dieses Jahrhunderts der Wiener Chemiker Friedländer die Zusammensetzung der Purpursubstanz festgestellt und den Weg zu seiner künstlichen Herstellung gewiesen. Eine besondere Bedeutung wird aber jetzt, da wir die künstlichen lichtechten Farbstoffe in allen Nuancen besitzen, dieser Substanz wohl kaum mehr zukommen können. Allerdings hat noch um das Jahr 1860 der berühmte französische Zoologe Lacaze-Duthiers geglaubt, eine neue Purpurindustrie ins Leben rufen zu können, da die photographischen Eigenschaften des Stoffes, d. h. seine Beeinflußbarkeit durch das Sonnenlicht, die Übertragung von Photographien auf Seide und ähnliche Stoffe in ganz besonders feinen und zarten Tönen gestattet. Eine praktische Verwertung in größerem Umfange hat aber das Verfahren nicht gefunden.

Da und dort sollen am Mittelmeer noch einzelne Fischerdörfer sein, in denen die Purpurschnecke gesammelt wird, um Wäsche mit dem Farbstoff zu markieren u. dgl. Sic transit gloria mundi!

Daß auch in Mittelamerika und auf den westindischen Inseln die heute noch geübte Purpurfärberei schon lange vor Kolumbus bekannt war, ist besonders interessant im Zusammenhang mit den Theorien moderner Historiker, die einen Verkehr der alten Phönizier und Israeliten mit Amerika annehmen und das Goldland Ophir, aus dem Salomo in mehrjährigen Expeditionen seine Schätze holen ließ, in Amerika suchen.

Perlen.

Den ersten Platz unter den vom Menschen dem Meere abgerungenen Schätzen nimmt selbstverständlich die Perle ein, die bekanntlich von Muscheln, in seltenen Fällen übrigens auch von verschiedenen Schneckenarten, erzeugt wird.

Man hört und liest sehr oft die Behauptung, die Perle sei ein Krankheitssymptom, die Perlenproduktion ein Krankheitsprozeß.

Aber das ist ein Aberglaube. Muscheln mit Perlen sind ganz genau so gesund wie solche ohne Perlen. Bei den eigentlichen Perlmuscheln handelt es sich hier offenbar um einen durchaus normalen Vorgang.

Wir haben schon bei der Besprechung der Austern uns einen flüchtigen Überblick über den Bau einer Muschel verschafft. Bei der Perlmuschel interessiert uns vor allem anderen die Schale und der ihr immer glatt anliegende Mantel. Nahe dem äußeren Rande ist der Mantel an seinem Saume fest mit der Schale verwachsen; man nennt diese Linie die Mantellinie. Über diese hinaus ragt noch der muskulöse Mantelrand, dessen Hautzellen die Schale produzieren. Sie sondern bestimmte Substanzen ab, die erhärten und dadurch eben zur festen Schale werden. Auch bei den Schnecken wird die Schale auf ganz analoge Weise gebildet, nur hat eben bei ihnen der Mantel nicht zwei Blätter. In den meisten Fällen besteht die Schale aus drei verschiedenen Schichten, deren äußerste eine organische, hornartige Masse darstellt, die man als Periostrakum bezeichnet und die meist bräunlich, grünlich oder schwärzlich gefärbt und undurchsichtig ist. Nach innen folgt dann die sogenannte Porzellan- oder Prismenschicht, die der Hauptsache nach aus kohlensaurem Kalk besteht. Dieser ist aus feinen, sechskantigen Prismen zusammengesetzt, die senkrecht auf der Schalenfläche stehen; jedes dieser Prismen ist von einer ganz feinen Periostrakumschicht umgeben und von den Nachbarprismen geschieden. Legt man diese Schicht der Schale in eine Säure, die den kohlensauren Kalk löst, so bleibt der — natürlich nur mikroskopisch sichtbare — Periostrakumanteil übrig, die nun, nach Entfernung des Kalkinhaltes, sich ausnimmt wie eine winzige Bienenwabe. Als innerste Schicht der Schale, also dem Mantel anliegend, folgt dann die Perlmutterschicht. Auch sie besteht aus kohlensaurem Kalk, aber in einer ganz anderen Anordnung, nämlich aus feinen, annähernd parallel zur Oberfläche laufenden Blättern, deren feinste Struktur die schönen und merkwürdigen Lichtbrechungserscheinungen hervorruft, die eben den Perlmutterglanz ausmachen.

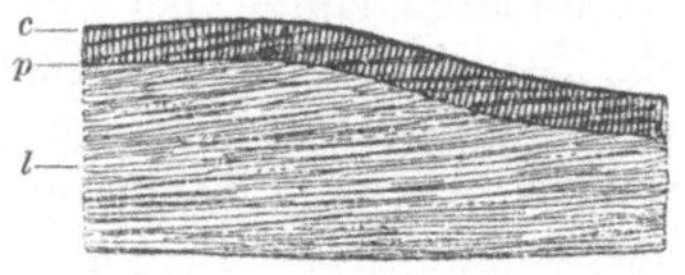

Abb. 16. Schliff durch eine Muschelschale. (Nach R. Hertwig.) c = Periostrakum, p = Prismenschicht, l = Perlmutterschicht.

Das Wachstum der Schale erfolgt vornehmlich am Mantelrande, wie man leicht aus den Zuwachsstreifen erkennen kann; doch sondert jede Stelle der äußeren Mantelseite Schalensubstanz ab und bewirkt dadurch das Dickenwachstum der Schale, heilt auch eventuell eingetretene Schalenverletzungen.

Bei Perlmuscheln finden sich nun die schönsten, rundesten Perlen im Gewebe des Mantelrandes eingebettet, also grade da, wo auch die lebhafteste Produktion von Schalensubstanz vor sich geht. Spricht schon dies für die nahe Verwandtschaft von Perle und Schale, so wird es durch die Zusammensetzung der Perlen über jeden Zweifel erhoben. Auf

Dünnschliffen durch Perlen sieht man meist um einen kleinen zentralen Kern, von dem noch die Rede sein wird, zunächst bräunliche Schichten von Periostrakum, dann die zierlich geordneten Prismenschichten, oft wieder von Periostrakum unterbrochen, und außen die konzentrisch verlaufenden Perlmutterschichten. Es handelt sich also ganz ohne Zweifel um eine der Schale völlig gleichende Bildung des Mantelrandes. Es scheint, daß alle größeren Perlen diesem Organ ihre Entstehung verdanken; aber gewiß ist es doch nicht das einzige, das überhaupt zur Perlenbildung befähigt wäre. Ich fand vor Jahren bei der Untersuchung einer sehr großen Anzahl von Flußperlmuscheln fast bei allen Exemplaren einige, bei manchen sogar sehr viele Perlen im Herzbeutel. Es waren meist Perlen von sehr schönem Glanze, aber winzig klein und von ganz unregelmäßiger Form, also wertlos. Auch im Schließmuskel finden sich gelegentlich sogar schöne große Perlen.

Von echten Perlen, die gewöhnlich frei im Gewebe des Tieres liegen und mit der Schale nicht verwachsen sind, muß man Verdickungen der inneren Schalenwand wohl unterscheiden, die sich manchmal sogar als halbkugelförmige Buckel vorwölben können. Sie entstehen entweder als Ausbesserungen von Schalenverletzungen — allerhand bohrende Tiere z. B. durchlöchern von außen her die Schale, und der Mantel verkittet von innen her den Defekt — oder es sind Fremdkörper durch irgendeinen Zufall zwischen Mantel und Schale geraten und werden vom Tier durch darüber gelagerte Schichten von Schalensubstanzen überzogen und so an die Schale angekittet. Dabei können, wenn nicht im Laufe der Zeit die abgelagerten Schichten sich allzusehr gehäuft haben, die feinsten Details der Konturen eines solchen Fremdkörpers wunderbar in Perlmutter wiederholt werden. Es sind sogar in seltenen Fällen schon auf diese Weise in Perlmutter ausgeführte getreue Abbilder von kleinen Fischchen, Schnecken u. dgl. an der Innenseite der Muschelschale gefunden worden. In Ostasien, namentlich in China und Japan, wird diese Eigenheit der Perlmuschel vielfach ausgenützt, ganz besonders bei einigen großen Süßwassermuscheln. Ein Buddhabildchen oder etwa ähnliches wird dem Tier zwischen Mantel und Schale praktiziert und von ihm mit Perlmutter überzogen. Nach einer gewissen Zeit wird „geerntet", und die so entstandenen Kuriositäten werden ganz gut bezahlt. Bei den durch Zufall zwischen Mantel und Schale geratenen Fremdkörpern wird es sich natürlich in den meisten Fällen um Sandkörner u. dgl. handeln, und wenn sie lange genug von immer neuen Perlmutterschichten umgeben wurden, kann ein halbkugelförmiges, der Schale aufgewachsenes Produkt entstehen, das für gewisse Schmuckstücke sehr wohl verwendbar ist und einigen Wert besitzt. Bei den ersten Versuchen, die Perlbildung künstlich anzuregen, ist dieses Einführen von Sand oder von kleinen Kügelchen aus irgendeinem Material viel geübt worden; es hat aber begreiflicherweise fast immer nur zur Bildung von Halbperlen geführt; nur durch einen ganz besonderen Zufall kann auf diese Weise eine freie Perle entstehen.

Auch die freien Perlen entstehen offenbar immer um irgendeinen Kern, einen Fremdkörper, den das Tier einkapselt, sie stellen also eine Abwehrmaßnahme des Organismus gegen den Eindringling dar. Das ist ja im Tierreiche nichts Seltenes. Auch bei höheren Tieren, wie auch beim Menschen, werden oft in den Körper eingedrungene Fremdkörper oder Parasiten von Zellen umschlossen, die zunächst eine häutige Kapsel ausscheiden und diese dann durch mineralische Ausscheidungen verstärken. So werden z. B. die Trichinen im Muskelfleisch des Menschen allmählich von einer kalkigen Hülse eingeschlossen und unschädlich gemacht.

Es ist kein Wunder, daß man infolge dieser Ähnlichkeit auf die Idee gekommen ist, auch die Perlenbildung auf derartige Abwehrmaßnahmen gegen eingedrungene Parasiten der Muschel zurückzuführen — daher die obenerwähnte Lehre von der „Perlenkrankheit". Tatsächlich fand man oft genug bei der Untersuchung von Perlen als Kern ein undefinierbares Etwas, das sich wohl als der Rest eines abgestorbenen und zerfallenen kleinen tierischen Lebewesens deuten ließ. Die marinen Perlmuscheln, bei denen derartige Befunde häufig gemacht wurden, werden vielfach von verschiedenen Parasiten, insbesondere von den Larven von Saug- und Bandwürmern, heimgesucht, und es ist nach verschiedenen Untersuchungen außerordentlich wahrscheinlich, daß diese oft auf die geschilderte Weise unschädlich gemacht werden und so einer Perle den ersten Ursprung geben. Ebenso sicher sind aber gelegentlich nichtorganische Fremdkörper, wie Sandkörner, als Kerne von Perlen gefunden worden.

Bei den Perlen des Süßwassers hat sich gezeigt, daß sehr häufig, wahrscheinlich in den weitaus meisten Fällen, kleine bräunliche oder gelbliche Körnchen den Anstoß zur Perlbildung geben, die sicher organischer Natur sind und die man eigentlich nicht als Fremdkörper bezeichnen kann, weil sie aus der Muschel selbst stammen. Ihre Natur ist noch nicht genauer erforscht; sie entstehen im Mantel, offenbar in einzelnen Zellen, von denen sie dann ausgestoßen werden, und dann scheinen sie eben als Fremdkörper zu wirken. Sie werden von einer Lage von Mantelzellen, die sich aus ihrem regulären Verbande gelöst haben, umgeben, und nun werden zunächst eine Anzahl Periostrakumschichten darumgelegt, dann Prismenschichten und zuletzt Perlmutterschichten. Wenn zwei benachbarte derartige Perlen im Laufe ihres Wachstums aneinander stoßen, so können sie sich vereinigen, sie werden von weiteren Schichten gemeinsam umhüllt, und es entsteht eine sogenannte Barockperle, d. h. eine Perle von unregelmäßiger Gestalt, die natürlich weit weniger wert ist als eine ovale oder rein kugelförmige Perle.

Diese letztere ist selbstverständlich die gesuchteste und am besten bezahlte, wenn sie dazu noch den bekannten schönen Glanz, den sogenannten „Lüster“ hat.

Unter den im Meere lebenden, Perlen erzeugenden Muscheln sind jene, die nur gelegentlich und selten eine brauchbare Perle enthalten, begreiflicherweise von keiner praktischen Bedeutung; solche Funde werden nur ganz zufällig gemacht. Von Wichtigkeit sind nur die etwa 30 Arten der Familie der Aviculiden, unter denen die Gattung Meleagrina die Hauptrolle spielt, ganz besonders Meleagrina margaritifera, die echte Seeperlmuschel, die in den tropischen Meeren sehr weit verbreitet ist. Sie wird im Roten Meer, im Persischen Golf, an den Küsten von Ceylon, bei den Sundainseln und den Inseln des Stillen Ozeans, bei Australien, aber auch an beiden Küsten des tropischen Amerika gefunden. Die Kenner unterscheiden eine große Anzahl von Abarten, die sich durch Größe, Gestalt, Dicke der Schale und Glanz der Perlmutter unterscheiden. So ist die berühmte Ceylonmuschel klein, 5—6 cm lang, und ihre Schale ist so dünn, daß sie zur Perlmutterverarbeitung nicht zu brauchen ist, während die bei den Sundainseln gefundene Form sehr groß wird, bis zu 1 kg wiegen kann und eine sehr dicke Schale von ganz besonders schönem Perlmutterglanz besitzt.

In einer Tiefe von 10—30 m, also nicht allzu weit von der Küste, leben die Muscheln meist in sehr großen Anhäufungen, sogenannten Bänken, oft in mehreren Schichten übereinander gehäuft, durch Byssus zu Klumpen verklebt, mit Korallen, Schwämmen u. dgl. bewachsen und bis zur Unkenntlichkeit maskiert.

Seit vielen Jahrtausenden ist der Handel mit orientalischen Perlen im Schwange, und sicherlich ist die Perlenfischerei schon seit urdenklichen Zeiten ganz so ausgeübt worden, wie sie es heute noch in sehr großem Maßstabe z. B. an den Küsten Ceylons wird, nämlich durch Taucher, die sich an einem langen Tau, dessen Ende mit einem großen Stein beschwert ist, sehr rasch auf den Meeresboden hinablassen, hier so viele Muscheln, wie sie in der Geschwindigkeit erraffen können, in einem umgehängten Netz unterbringen und rasch wieder emportauchen. Jeder Aufenthalt unter Wasser dauert nur eine, höchstens etwa drei Minuten; es wird aber in der Fangzeit täglich von einer großen Schar malaischer Taucher eine große Anzahl von solchen Exkursionen ausgeführt, so daß man berechnet hat, daß z. B. an den Küsten von Ceylon allein in einer Kampagne 30—40 Millionen Exemplare heraufgebracht werden. Es muß nach den Schilderungen der Augenzeugen ein sehr großartiger und fesselnder Betrieb sein, der sich an den Hauptfangstellen entwickelt, wenn die englische Regierung die Eröffnung der Kampagne erlaubt hat.

Ein solcher Hauptfangplatz ist Aripo an der Westküste

von Ceylon, eine entsetzlich öde, dürre Gegend, an der sich aber zur Perlenzeit ein ungeheures Leben entwickelt, da neben den Tauchern und den Käufern Tausende von Menschen, Spekulanten, Bettler, Priester, Gaukler, Tänzerinnen usw. zusammenströmen; dazu kommen noch die Regierungsbeamten und die militärische Wache, die dafür zu sorgen hat, daß alle Muscheln ungeöffnet in die Magazine der Regierung abgeliefert werden. Hier wurden bis vor kurzem die Muscheln in größeren und kleineren Losen versteigert; eine Art Glücksspiel, denn man kann natürlich unter einem halben Dutzend, das man für einige Rupien erstanden hat, ein sehr wertvolles Exemplar finden, aber auch unter einem größeren Haufen nur einige geringwertige Stücke.

Die nicht verkauften Muscheln werden in Behälter mit durchströmendem Süßwasser gelegt, in denen sie absterben und sich öffnen. Ist der Weichkörper verfault, so fallen die Perlen heraus und werden in Rinnen gespült, in denen sie durch Gazewände aufgehalten werden, so daß man sie sammeln kann.

Es ist klar, daß die ungeheure Vernichtung von Muscheln, ganz gleich, ob sie Perlen tragen oder nicht, die Gefahr einer Erschöpfung der Bänke mit sich bringt. Tatsächlich sind reiche Perlbänke, die sich von der Südspitze des vorderindischen Festlandes meilenweit nach Nordosten zogen, schon unter portugiesischer Herrschaft, im 16. Jahrhundert, durch Überfischung so gut wie vernichtet worden. Die Messe von Tuticorin lockte damals jährlich 50—60000 Kaufleute an, ist aber später zur Bedeutungslosigkeit herabgesunken. Schon zu Beginn des vorigen Jahrhunderts hat man begonnen, sich um die Fortpflanzung der Perlmuscheln zu bekümmern, die, wie bei den meisten niederen Meerestieren, zur Bildung von freischwimmenden Larven führt, die sich erst nach einer Zeit des Vagabundierens zum Beginn eines seßhaften Lebens und zum Bau eines festen Hauses entschließen. Begreiflicherweise sind die Tierchen grade in dieser Zeit den meisten und größten Gefahren ausgesetzt, und der Prozentsatz von ihnen, der zu Muscheln heranwächst, ist nicht groß. Die sehr große Fruchtbarkeit der Eltern wäre ja vollkommen geeignet, alle Gefahren und Verluste, die das Leben mit sich bringt, auszugleichen. Aber mit der Habgier des Menschen und der durch sie verursachten ungeheuerlichen Ausrottung von Muscheln hat die Natur offenbar doch nicht gerechnet.

In richtiger Erkenntnis dieser Verhältnisse hat man also damals schon begonnen, Larven und ganz junge Muscheln aufzuziehen und erst später dem freien Meere zu übergeben. Wirklich durchschlagende Erfolge sind auf diese Weise aber nicht erzielt worden. Von viel größerer Bedeutung sind, neben der Schonung zur Fortpflanzungszeit, die in weit jüngerer Zeit eingeleiteten Maßnahmen, die darauf abzielen, die Vernichtung solcher Muscheln zu verhindern, die noch keine brauchbaren Perlen enthalten.

Das Problem wurde erst gelöst durch die Anwendung der Röntgenstrahlen, die es gestatteten, immer ganze Partien von Muscheln zu durchleuchten und diejenigen auszulesen, die brauchbare Perlen enthalten, während die übrigen, also die große Mehrzahl, wieder ins Meer zurückversetzt werden. Auf Ceylon besteht bereits ein großes radiographisches Laboratorium; vermutlich sind seither auch an anderen wichtigen Fangstationen ebensolche errichtet worden. Natürlich geht nebenher auch eine Schonung gewisser Bänke oder Bankbezirke überhaupt. Schon seit langer Zeit haben die Engländer dies in vorbildlicher Weise organisiert und üben eine strenge Aufsicht, die die Perlentaucherei nur zu den von ihnen festgesetzten Zeiten und an den freigegebenen Örtlichkeiten gestattet.

Neben den Bestrebungen zur Erhaltung und Vermehrung der Muschelbestände gehen, wie erwähnt, schon seit sehr langer Zeit die Versuche zu künstlicher Anregung der Perlenerzeugung. Wohlverstanden, es handelt sich hier nicht etwa um die Erzeugung künstlicher, also eigentlich falscher Perlen; das gehört auf ein ganz anderes Blatt. Sondern es handelt sich darum, die Muscheln selbst zu einer reichlicheren oder auch zu einer rascheren Erzeugung von echten Perlen zu veranlassen. Hierher gehören also die erwähnten Verfahren, die mit der Einführung von Fremdkörpern in die

Muscheln arbeiten, aber begreiflicherweise damit meist nur die Bildung von nicht allzu wertvollen Halbperlen erzielten.

Erst das genaue Studium der feineren, nur durch das Mikroskop zu enthüllenden Vorgänge bei der Perlbildung haben zu einer Lösung des Problems geführt, die unter anderem auch bewiesen hat, daß man dabei keinesfalls auf die problematischen Parasiten angewiesen ist. Wir haben schon gesehen, daß der Kern der Perle von einer dichten Lage von Zellen umschlossen ist, die aus der Mantelhaut stammen und die gleichen Funktionen wie die Zellen dieser Haut ausüben, nämlich die Abscheidung von Periostrakum, Prismen und Perlmutterlagen zur Isolierung des Fremdkörpers. Mit der fortschreitenden Arbeit und dem Wachstum der Perle wächst natürlich dieser „Perlsack" durch Vermehrung der Zellen und rückt immer weiter vom Zentrum ab. Wie sich gezeigt hat, kann der Perlsack, unbeschadet seiner Funktion, räumlich ganz vom Mantel getrennt liegen.

Diese Erkenntnis hat ein Japaner, Mikimoto, in äußerst praktischer Weise verwertet. Er öffnet eine Muschel so weit, als es angeht und genügt, um einen Fremdkörper in sie einzuführen. Vorher aber umgibt er diesen Fremdkörper, ein Kügelchen, das aus beliebigem Material bestehen kann — Mikimoto arbeitete ursprünglich mit Porzellankügelchen von der Größe eines Schrotkornes —, mit einem kleinen Lappen lebenden, frisch aus einer Muschel herausgeschnittenen Mantelgewebes. Er umhüllt das Kügelchen vollständig, bindet das so erzeugte Perlsäckchen zu und führt es nun in die Muschel ein. Die Zellen dieses künstlichen Perlsackes leben ruhig weiter, wachsen in ihren neuen Aufenthaltsort rasch ein und beginnen alsbald ihre Funktionen auszuüben: sie schaffen eine Perle, indem sie das Kügelchen mit verschiedenen Schichten umgeben. Mikimoto hat also mit seinen, vor etwa 20 Jahren begonnenen Versuchen wieder einmal das Ei des Kolumbus aufgestellt. Er zwingt die Muschel zur Perlenerzeugung, nimmt ihr obendrein aber auch noch die Hälfte der Arbeit ab, da sie ja eine große Anzahl von Schichten nicht zu bilden braucht, und hat auch noch die Wahrscheinlichkeit, daß die meisten seiner Perlen wirklich tadellos rund ausfallen. Seine Farm, die heute etwa 400 ha umfaßt und in der jährlich etwa 300000 Muscheln geimpft werden sollen, bringt jetzt einen sehr großen Ertrag an tadellos runden, schön glänzenden Zuchtperlen von je 0,1—0,4 g oder 0,5 bis 2 Karat, das sind schon recht schöne Stücke.

Man kann sich vorstellen, daß die Zuchtperlen in das immerhin geordnete Getriebe des Perlenmarktes Verwirrung zu bringen drohten. Große Lager von ungeheurem Werte drohten stark im Preis gedrückt zu werden, und es ist begreiflich, daß der Handel sich gegen die Zuchtperlen zur Wehr setzte.

Der Laie wird selbstverständlich die natürlich gewachsenen Perlen von Zuchtperlen nicht unterscheiden können, und auch für den Fachmann hat dies seine großen Schwierigkeiten. Solange Mikimoto Kerne aus irgendeinem Material, etwa aus Porzellan, verwendete, war die Unterscheidung durch Bestimmung des spezifischen Gewichtes noch leicht möglich. Seit er aber Kügelchen aus Perlmutter verwendet, so daß bei dem ohnehin in nicht allzu engen Grenzen schwankenden spezifischen Gewichte der Perlen diese Unterscheidung nicht mehr Stich hält, sind schon raffiniertere Untersuchungsmethoden nötig. So ist z. B. bei den ja meistens gebohrten Perlen von einer ganzen Reihe von Gelehrten der äußerste Scharfsinn aufgeboten worden, um durch Konstruktion feiner und komplizierter Apparate eine Durchspiegelung des Bohrkanals durchzuführen, die es ermöglicht, festzustellen, ob im Innern die einzelnen Schichten alle so verlaufen, wie es bei der natürlich gewachsenen Perle der Fall ist, oder ob anders verlaufende Schichten im Innern auftreten, wie es ja z. B. bei dem aus einer Muschelschale verfertigten Perlmutterkügelchen der Fall ist. Auch noch andere, nicht weniger raffinierte Methoden werden angewendet, um Zucht- und Naturperlen voneinander zu unterscheiden, und die Händler sind verpflichtet, Zuchtperlen beim Verkauf ausdrücklich als solche zu kennzeichnen.

Andererseits werden voraussichtlich die Züchter ihre Methoden ständig verbessern; so sollen heute schon als Kerne die billig zu erstehenden echten, aber in Glanz und Lüster schlechten Perlen indischer Herkunft verwendet werden. Ganz besonders wird natürlich darauf hingearbeitet, innerhalb kurzer Zeit möglichst große Exemplare zu erzielen. Dies Ziel nämlich wird bei den natürlich gewachsenen Perlen nur selten erreicht; und auch dann, wenn man Muscheln, in denen schon recht stattliche Exemplare bei der Durchleuchtung festgestellt worden sind, wieder ins Wasser zurückversetzen sollte, geht offenbar nach der Ablagerung einer sehr großen Anzahl von Schichten der Prozeß meistens nicht mehr ganz nach dem Wunsche des Menschen weiter, sondern es stellen sich Abweichungen von der regelmäßigen Gestalt ein. Daher sind eben wirklich tadellose Perlen von Haselnußgröße und mehr so außerordentlich selten. Bei ganz großen Exemplaren ist man sogar manchmal gezwungen, durch sehr sorgfältige Ablösung der äußeren Schichten eine zwar kleinere, aber wegen ihrer tadellosen Form doch wertvollere Perle herzustellen. Das gleiche geschieht auch, wenn die äußeren Schichten nicht den gewünschten schönen Glanz aufweisen. Die großen tadellosen Exemplare erhalten sich nicht auf die Dauer, weil ja das Leben der Perlen überhaupt begrenzt ist. Ihre Härte und Widerstandsfähigkeit gegen mechanische Einflüsse ist zwar sehr groß, und es ist gar nicht so leicht, eine Perle etwa mit einem Hammer zu zerschlagen. Aber ihr Glanz und damit ihr Wert ist vergänglich. Feuchtigkeit oder übermäßige Trockenheit, Licht, Temperaturschwankungen, Säuregehalt der Luft — irgend etwas Derartiges verändert die Oberflächenstruktur der Perlmutterschichten und läßt sie bei längerer Wirksamkeit sogar ganz verfallen. Man berechnet die Lebensdauer einer Perle mit 50—100 Jahren, in günstigen Fällen mit 150—200 Jahren.

Wie sich die Dinge nun nach dem Auftreten der Zuchtperlen weiterentwickeln werden, ist natürlich nicht vorauszusagen. Mit Recht hat ein Fachmann auf die Frage, ob Zuchtperlen echte Perlen seien, geantwortet: „Gewiß in demselben Maße, als auf Beeten gezogene Champignons oder durch Pfropfung erzeugte Früchte echt sind."

Von den Zuchtperlen wohl zu unterscheiden sind die sogenannten „Japanperlen", die einfach aus zwei zusammengefügten, von der Schale abgeschnittenen Halbperlen bestehen. Sie sind an der Naht leicht zu erkennen und in erheblichen Größen sehr billig zu bekommen.

In weiteren Kreisen wenig bekannt dürfte das Vorkommen von Süßwasserperlen sein. Aber in Europa, in Asien, in Nordamerika sind Perlmuscheln im Süßwasser zu Hause, deren Erzeugnisse den Wettbewerb mit den Ceylonperlen aufnehmen können. In vielen Teilen Ostasiens, namentlich in China und Japan, ist die Kultur der Süßwasserperlmuscheln uralt, und auch in Europa sind schon vor vielen Jahrhunderten einheimische Perlen gewonnen und hochgeschätzt worden. In den Vereinigten Staaten hat sich die Regierung und Wissenschaft der verschiedenen, dort in Flüssen und Seen vorkommenden wertvollen Muschelarten sehr energisch angenommen. Es besteht eine staatliche biologische Station im Mississippigebiet, die sich mit dem Studium der Lebensbedingungen der verschiedenen dort heimischen Muschelarten beschäftigt, für ihren Schutz und ihre Vermehrung sorgt und Vorschriften zur Verhütung von Raubbau erläßt. Die dort gewonnenen Perlen und die von der Schale gelieferte Perlmutter, die für industrielle Zwecke verwendet wird, spielen keine geringe Rolle.

Daß auch Deutschland und Österreich Perlbäche besitzen, die sehr schöne Erträge bringen könnten, ist ganz mit Unrecht ziemlich in Vergessenheit geraten. In früheren Jahrhunderten hat man diesen heimischen Schatz viel besser zu würdigen gewußt. Die Perlenfischerei war damals in deutschen Landen wohl überall ein Vorrecht des Landesfürsten, die Perlbäche waren sorgfältig bewacht, und auf Entwendung von Muscheln standen, wie eben damals üblich, barbarische Strafen.

Allerdings sind die meisten größeren Süßwassermuschelarten, die Najaden, die man in unseren Flüssen und Seen findet, trotz dem schönen Perlmutterglanz ihres Schaleninnern ganz wertlos, denn sie sind nicht langlebig genug, eine auch nur halbwegs beachtenswerte Perle hervorzubringen, und ihre Schale wird nicht dick genug, um eine verarbeitungsfähige Perlmutter zu liefern. Die europäische echte

Flußperlmuschel der Gattung Margaritana dagegen wird 80 bis 100 Jahre alt und hat daher die Fähigkeit, auch sehr stattliche und wertvolle Perlen zu liefern. Leider hat dieses in Nordeuropa und Asien weitverbreitete Tier eine Eigenschaft, die es in Mitteleuropa von den meisten Gewässern ausschließt. Es gedeiht nur in solchen Gewässern gut, in denen verhältnismäßig sehr wenig Kalksalze im Wasser gelöst sind, also in besonders weichem Wasser. Solche Gewässer sind aber bei uns nur da und dort zu finden. Unsere größeren Flüsse und Ströme entspringen fast alle dem Kalkgebirge oder nehmen wenigstens viele in diesem entspringende Zuflüsse auf, und ihr Wasser ist daher zu hart, zu reich an gelösten Kalksalzen. Die Perlmuschel wird daher nur auf dem verhältnismäßig engbegrenzten Gebiete Mitteleuropas gefunden, dessen Bäche im kalkarmen Urgebirge entspringen, wie im Fichtel- und Elstergebirge, im Bayrischen und im Böhmer Wald. Dort, also im sächsischen Vogtlande, in Bayern und in dem nördlich der Donau gelegenen Teil Oberösterreichs, dem Mühlviertel, und in Böhmen sind die echten Perlmuscheln zu Hause. Auch in Schottland, Skandinavien und Rußland gibt es von Perlmuscheln bewohnte Urgebirgswässer. Wo sie günstige Lebensbedingungen vorfindet, vermehrt sich die Muschel sehr stark, so daß der Grund des Baches förmlich mit ihnen gepflastert zu sein scheint. Dies ist auch nötig, wenn ein nennenswerter Ertrag erzielt werden soll, denn man muß schon recht viele Muscheln untersuchen, bis man eine brauchbare Perle findet.

In der Zeit, in der der Muschelkultur größere Aufmerksamkeit zugewendet wurde, haben z. B. die Fürstbischöfe von Passau aus ihren Perlbächen recht schöne Einnahmen erzielt.

Seither sind die Erträge sehr stark zurückgegangen. In Zeiten, in denen sich die Obrigkeit weniger um den Schutz der Perlbäche gekümmert hat, sind diese oft stark ausgeraubt worden, und die Diebe haben meist jede Muschel bei der Untersuchung getötet. Viele Bäche sind durch Verunreinigung mit Fabrikabwässern ihres gesamten Muschelbestandes beraubt worden. Vielfach hat auch die Herabminderung des

Fischbestandes sehr verderblich auf die Muschelbestände eingewirkt, denn die Vermehrung der Najaden ist in einer höchst sonderbaren Weise an das Vorhandensein von gewissen Fischarten gebunden. Die nach Hunderttausenden zählenden Eier der Muschel werden in eine zwischen den Kiemenblättern liegende Bruttasche aufgenommen. Der von dem männlichen Tiere ins Wasser ausgestoßene Same gelangt mit dem Atemwasser hierhin und befruchtet die Eier, die sich nun hier, im Schutze der mütterlichen Schale, zu sehr kleinen Larven entwickeln, die zwar auch mit einer zweiklappigen Schale versehen sind, aber im allgemeinen den Eltern so wenig ähnlich sehen, daß man sie lange Zeit für Schmarotzer der Mutter gehalten hat. Das Tierchen wurde unter dem Namen Glochidium parasiticum beschrieben und ist auch heute noch, da man es längst als die Larve der großen Muscheln erkannt hat, unter dem Namen Glochidium bekannt.

Nach ihrer vollständigen Ausbildung werden die mikroskopisch kleinen Larven der Flußperlmuschel in das umgebende Wasser ausgestoßen, sinken zu Boden und bleiben hier mit weitgeöffneter Schale liegen oder werden vom Wasserstrom umhergewirbelt. Und nun muß das Tierchen, wenn es nicht absterben soll, innerhalb weniger Tage mit einem Fisch in Berührung kommen. Die ziemlich großen, d. h. etwa 1/3 mm langen Glochidien der Teichmuschel müssen von der Flosse eines Fisches berührt werden, worauf sie sofort die Schale zuklappen und sich mit einem an der Spitze befindlichen Haken an der Fischflosse anklammern. Die mikroskopisch kleinen Lärvchen der Perlmuschel dagegen müssen von einem Fische mit dem Atemwasser eingesaugt und an die Kiemen gebracht werden, an denen sie sich in ähnlicher Weise befestigen. In jedem Falle übt das kleine Tierchen dann auf die Fischhaut einen Reiz aus, der zu einer Wucherung der Hautzellen Veranlassung gibt; die Muschellarve wird in einem kleinen Hohlraum eingeschlossen, in dem sie nun — bei der Flußperlmuschel etwa einen Monat lang — ein ausgesprochenes Schmarotzerleben führen und gewisse Veränderungen durchmachen muß, bevor sie diese Wohnstätte verlassen, auf den Grund des Wassers sinken und hier zu einer vorerst winzig kleinen typischen Muschel werden kann. Alle Larven, die diesen reichlich komplizierten Werdegang nicht durchmachen können, gehen zugrunde, also sicherlich der weitaus größte Teil der ungeheuren Nachkommenschaft. Begreiflich also, daß um so größere Aussicht dafür besteht, daß wenigstens ein geringer Prozentsatz der Larven sich zu fertigen Muscheln entwickelt, je mehr Fische vorhanden sind.

Seit man diese Verhältnisse kennt, hat man es natürlich in der Hand, die Vermehrung der Perlmuscheln zu beeinflussen.

Freilich gehört bei dem langsamen Wachstum und der Langlebigkeit der europäischen Perlmuschel ziemlich viel Geduld dazu, wenn man einen geeigneten Bach neu besiedeln oder den Bestand eines Baches entsprechend vermehren will, aber die Aussichten für die Zukunft sind nicht schlecht, ganz besonders, wenn man auch bei den Süßwassermuscheln das Verfahren Mikimotos einführt und dadurch den Prozentsatz der perlentragenden Exemplare sehr stark vergrößert. Versuche, die in Österreich neuerdings gemacht wurden, haben ein vielversprechendes Resultat ergeben.

Immerhin bleibt aber noch die Beschränkung auf die Urgebirgswässer, die eine weitere Ausbreitung der Perlenkultur in Mitteleuropa verhindert. Jedoch wäre meiner Ansicht nach der Versuch der Einbürgerung der nordamerikanischen Perlmuschelarten, die auch in härterem Wasser gedeihen, keineswegs aussichtslos. Freilich ist die ganze Sache nicht so einfach. Die Auswahl der Muschelarten muß sich vorwiegend danach richten, welche Fische als Wirtstiere für ihre Glochidien dienen und ob man diese Fische miteinbürgern kann, oder ob die Muschellarven vielleicht auf einem nahe verwandten Fisch unserer Fauna gedeihen. Jedenfalls wäre hier ein dankbares Arbeitsgebiet für praktische biologische Forschung gegeben. Abgesehen vom eventuellen Perlenertrag wäre schon die Möglichkeit, die inländische Perlmutterindustrie von der Einfuhr fremder Ware unabhängig zu machen, von einiger Wichtigkeit.

Von den früher erwähnten Zucht- und Japanperlen sind

natürlich die falschen Perlen strenge zu unterscheiden, von denen noch ein Wort gesagt werden soll, weil auch ihre Herstellung in das Gebiet der Fischerei schlägt. Der nächstliegende Gedanke, falsche Perlen aus dem gleichen Material herzustellen wie echte, indem man Kugeln aus Perlmutter drechselt, führt nur zu einem ganz unvollkommenen Resultat, weil dabei die Lage der einzelnen Schichten zur Oberfläche gänzlich geändert werden muß und deshalb niemals der schöne, sanfte Glanz, der „Lüster" der wirklichen Perle erreicht werden kann. Bei den schon sehr alten Versuchen, die echten Perlen in anderem Material nachzuahmen, ist natürlich alles mögliche probiert worden, Metalle und Metalllegierungen mit und ohne Emaille wurden auf Kugeln aus allen denkbaren Substanzen aufgetragen. Weitaus das beste bisher gefundene Material stellt die sogenannte Perlenessenz, Essence d'Orient, dar, die aus den silberglänzenden Schuppen mancher Fische gewonnen wird. Der schöne Silberglanz dieser Schuppen rührt von einer Substanz her, die in Form feinster Kriställchen auf ihnen abgelagert ist, dem dem Harnstoffe verwandten Guanin. Durch Mittel, die den übrigen Teil der Schuppe zerstören, die Kriställchen aber nicht angreifen, und durch Schütteln dieses gereinigten Materials in Alkohol wird die Essenz gewonnen. Eine der hauptsächlichsten Lieferanten derselben ist die Laube, ein kleiner, schön glänzender Fisch, der in vielen unserer Seen in großen Mengen vorkommt, und zeitweise das Objekt eines wirklichen Massenfanges bildet, wie z. B. im Juni in manchen Seen des Salzkammergutes. Was für Mengen dazu notwendig sind, mag man daraus ermessen, daß ungefähr 20000 Fischchen zur Herstellung eines Kilogrammes Essenz benötigt werden, die dann allerdings auch ein sehr kostbares, hochbezahltes Material darstellt. Neuerdings hat man auf Island auch eine Fabrik zur Herstellung von Perlenessenz aus Heringsschuppen gegründet; doch scheint das Erzeugnis hinter dem aus Laubenschuppen gewonnenen etwas zurückzustehen.

Sehr schöne künstliche Perlen, sogenannte „römische Perlen", wurden früher durch Überziehen von Alabasterkugeln mit Essence d'Orient erzielt; aber beim Tragen wurde begreiflicherweise die dünne glänzende Schicht sehr rasch abgewetzt, so daß diese Perlen nicht haltbar waren. Dann lernte man ganz feine Hohlkugeln aus Glas innen mit einer sehr feinen Schicht der Essenz auszukleiden, wodurch natürlich dieser Übelstand vermieden wurde. Zunächst hatten diese Erzeugnisse den Hauptfehler, daß sie außerordentlich viel leichter waren als echte Perlen, so daß ein Kollier schon ganz anders hing als ein echtes, während natürlich beim Anfassen der Unterschied noch krasser in Erscheinung trat. Seither hat man gelernt, die mit Essence d'Orient innen ausgekleideten Hohlkugeln noch mit entsprechend schweren wachsartigen Substanzen zu füllen, um diesem Übelstande abzuhelfen.

Sepia.

Bereits bei der Besprechung des Kabeljaus haben wir von einem Tintenfisch gehört, der immerhin in einem ganz respektablen Ausmaße zu Konsumzwecken verwendet wird. Es ist nicht zu bezweifeln, daß diese seltsame Gruppe von Weichtieren, also von Verwandten der Schnecken und Muscheln, auf der ganzen Erde einen recht beachtlichen Beitrag zu unserer Ernährung liefern, wenn sie auch vielleicht nirgends die Hauptnahrung einer Küstenbevölkerung darstellen mögen, wie etwa der Hering oder mancher andere Fisch.

Was die Tintenfische vor den übrigen Weichtieren auszeichnet, ist ihre außerordentlich hohe Organisation, die sie in mancher Hinsicht den Wirbeltieren zur Seite stellt. Es sind vielfach gute Schwimmer, mit sehr gut entwickeltem Gehirn und Sinnesorganen, Räuber, die mit langen, mit starken Saugnäpfen bewehrten Fangarmen und einem harten Schnabel, ähnlich dem eines Papageien, ausgerüstet sind und selbst starken und wehrhaften Tieren gefährlich werden. Bekanntlich sind ja von alters her unter den Seeleuten furchtbare Geschichten über Riesenkraken verbreitet, die ganze Schiffe in der Umschlingung ihrer gewaltigen Arme in die Tiefe gezogen haben sollen. Wenn auch hier gewiß starke Übertreibungen vorliegen, so sind doch die Riesentintenfische nicht so ganz ins Reich der Fabel zu verweisen, wie man das noch vor einigen Jahrzehnten annahm. Offenbar sind die größten Formen Bewohner großer Tiefen und erscheinen nur ganz ausnahmsweise und unter besonderen Umständen an der Oberfläche. Für ihre Existenz liegen aber jetzt doch ausreichende Beweise vor. Im Magen von Potwalen sind gelegentlich riesige, bisher ganz unbekannte Arten gefunden worden, und einige Museen in Japan und Amerika beherbergen bis zu 10 und mehr Meter lange Arme, die ab und zu ans Land gespült wurden.

Der an den europäischen Küsten nicht seltene, in Felsenhöhlen hausende achtarmige Krake, der immerhin bis zu 50 kg Gewicht erreichen und einige Meter klaftern kann, soll in ganz seltenen Fällen auch schon einen Badenden umschlungen und in die Tiefe gezogen haben. Er und einige seiner Verwandten werden z. B. an den Mittelmeerküsten gefangen und trotz ihrem recht zähen Fleisch viel gegessen. Kleinere, freischwimmende Formen mit 10 Armen, wie die schlanken Kalmare, bilden eine beliebte Delikatesse in allen italienischen Seestädten, an der auch der Nordländer Geschmack finden kann, wenn er das erste Befremden überwunden hat.

Der italienische Name für diese Tiere, Calamareti (calamaio = Tintenfaß) weist auf die auffallendste Eigenheit der Gruppe hin, ebenso wie der deutsche Name, der allerdings eine Verwandtschaft mit Fischen voraussetzt, die natürlich nicht vorhanden ist.

In ihrem Eingeweidesack beherbergen die Tintenfische einen Beutel, der mit einer tiefschwarzen, breiigen Substanz gefüllt ist. In Gefahr stößt das Tier eine Ladung dieser Substanz aus, die sich mit dem Wasser vermischt und dieses weithin schwarz und undurchsichtig macht. In dieser trüben Wolke verborgen, entzieht sich das Tier oft dem Verfolger.

Als ich an der Riviera mit den Fischern auszog, um eine auf seichtem Grunde häufige Tintenfischart, die Sepia, zu harpunieren, konnte ich sehen, wie vorsichtig man das gespießte Tier weit vom Boot weghalten muß, um sie erst ihren Tintensaft in weitem Bogen ausspritzen zu lassen, der sonst die Kleider abscheulich beschmutzen würde. Erst dann kann man sie ins Boot nehmen, und man muß vorsichtig mit ihnen umgehen, denn ein Biß von ihrem Schnabel kann eine recht üble Verwundung hervorrufen. Diese rohe Fangart wird nur angewandt, wo man die Tiere ausschließlich zu Konsumzwecken braucht; wenn man dagegen den Inhalt des Tintenbeutels, den schwarzbraunen Farbstoff, verwerten will, muß man schonender verfahren und die Tiere lebend in Bassins sammeln.

Der getrocknete Farbstoff, die Sepia, ist in Europa zeitweise in ziemlich großem Maßstabe zur Bereitung einer Aquarellfarbe verwendet worden, die heute wohl kaum mehr irgendwo noch von Bedeutung ist. In China soll der Tintenbeutel einiger Arten zur Bereitung der Tusche gesammelt worden sein, und auch sonst ist der Farbstoff an vielen Küsten ein auch heute noch geschätztes Material. Im Altertum scheint eine Verwendung der Sepia als Tinte oder als Bestandteil einer Tinte ziemlich verbreitet gewesen zu sein.

Ich bin am Ende meiner Darstellung. Und wenn ich nun überblicke, was ich geschrieben habe, so muß ich bekennen: es ist eitel Stückwerk. Nicht nur Stückwerk in dem Sinne, wie all unser Wissen es ist, dem so unendlich viel Unerforschtes und Ungelöstes gegenübersteht, sondern auch gemessen an dem, was bereits sicherer Besitz der Wissenschaft ist. Auf so engem Raume wollte ich eine so große Fülle von Erscheinungen dem Leser vorführen, daß mir jetzt mein Unterfangen fast allzu vermessen erscheint. So vieles, das gewiß Interesse erweckt hätte, mußte ich verschweigen oder nur andeuten, so viele seltsame oder wichtige Fische und andere Tiere, die einen Platz in unserer Übersicht wohl verdient hätten, mußte ich übergehen, oder Schätze, die das Meer vor Jahrmillionen dem Lande abgewann und uns heute zurückgibt, wie das fossile Harz längst ausgestorbener Bäume, den Bernstein. Wie sollte auch der unermeßliche Reichtum des Meeres auf so engem Raume ausgebreitet und gezeigt werden? Ich will zufrieden sein, wenn ich dem Leser nur einen Begriff von der Vielfalt und dem Werte der Gaben vermitteln konnte, die das Meer uns Kindern der Erde schenkt, die wir doch alle im letzten Grunde von ihm stammen.

Sachverzeichnis.